一枝一叶总关情

寧城名木古樹

李文　宁格　编著

内蒙古科学技术出版社

图书在版编目（CIP）数据

宁城名木古树 / 李文，宁格编著. —赤峰：内蒙古科学技术出版社，2023. 10
ISBN 978-7-5380-3624-4

Ⅰ.①宁… Ⅱ.①李… ②宁… Ⅲ.①树木－介绍－宁城县 Ⅳ.①S717.226.4

中国国家版本馆 CIP 数据核字（2023）第 182586 号

宁城名木古树

编　　著：李　文　宁　格
责任编辑：杨永俐
出版发行：内蒙古科学技术出版社
地　　址：赤峰市红山区哈达街南一段 4 号
网　　址：www.nm-kj.cn
邮购电话：0476-5888970
印　　刷：内蒙古爱信达教育印务有限责任公司
字　　数：420 千字
开　　本：889mm × 1194mm　1/16
印　　张：19.5
版　　次：2023 年 10 月第 1 版
印　　次：2023 年 12 月第 1 次印刷
书　　号：ISBN 978-7-5380-3624-4
定　　价：160.00 元

如出现印装质量问题，请与我社联系。 电话：0476-5888926　5888917

审稿专家名单

◆ **宫韶飞**

宁城县森林草原技术推广中心主任，林业高级工程师。2018 年内蒙古自治区古树名木普查工作在宁城县展开时，组织并全程参与古树名木普查工作。

◆ **于昌志**

内蒙古黑里河国家级自然保护区管理局局长。

◆ **宁　晋**

内蒙古黑里河国家级自然保护区管理局副局长。

◆ **牛林龙**

原黑里河国家级自然保护区管理处（黑里河林场）副处长、副场长，林业高级工程师。多年来一直负责自然保护区的申报、管理、建设、发展等项工作任务，分管科研项目。

◆ **张胜义**

宁城县黑里河林场原副场长，林业高级工程师（正高）。

◆ **秦相武**

宁城县一肯中林场副场长，林业高级工程师（正高）。

作者简介

◆ **李　文**　汉族，宁城人，1946年出生，2006年退休。曾任宁城县教师进修学校教师。1986年调县志办公室，任《宁城县志》副主编，《宁城年鉴》主编，编审职称。

◆ **宁　格**　蒙古族，宁城人，2000年出生，网络与新媒体专业。

前　言

1986年，我由宁城县教师进修学校调至县志办公室编纂《宁城县志》，继而编写《宁城年鉴》，直至2006年退休。20年间，为调查搜集宁城县各方面资料，没少下乡，采访调查当地老人、知情者，踏查山水，考察风俗民情。出于“卖啥吆喝啥，干啥注意啥”“挖到筐子就是菜”的心理与工作性质的需要，也拍摄了不少古树、旧民居等的照片，留存了许多资料。

退休后，也经常游玩于宁城境内各地，痴迷地拍摄了许多村庄、山水风景和古树、花草的照片。

当我于2019年重新出版了《宁城山水游记》一书后，就萌生了想再出版一本《宁城古树图集》的想法。

后来听说县林业和草原局在上级林业部门的统一安排、要求和专家的指导下，2018年对全县名木古树曾做过一次普查登记，于是到林草局找到曾参与和主持了此项普查工作的宫韶飞主任，询问细节和查看普查资料。

原来我拍摄古树照片时没有像人家科学普查那么专业细致，比如用表格形式填列那么多项目。看来要编写此书确需得按人家上级专业部门的要求来编写。于是，我不顾年纪大体力不济，又跋山涉水专门做了一次调查，详细测量古树，认真采访当地老人，尽量搜集关于这些古树的传说。这一次我利用林草局宫韶飞主任给我的古树名木普查表规划好下乡路线图，有方向、有目标，打车一处一处按图索骥，有时还有意外收获：惊喜地新发现了普查时还不曾普查到的古树。

撰写此书，宫韶飞主任帮助不小，他不但提供了普查表等资料，还曾亲自领着去大双庙、八里罕调查，而且有几篇还是他原来写的初稿，我又加工改编的。

年轻时登山见到过的高山顶上的很多古树，有的是在林草局登记普查表中没有的，可惜现在已逾古稀之年的我是再也攀登不上去那高山峻岭之巅了，很遗憾。只能找出旧时所拍照片（当时也没有好相机，照相的技术也不好）将就使用了，但按表上要求填的那些数字和内容是填不上了。

后来我便想到：不如不编《宁城古树图集》，因为它学术性、专业性太强了，读者不会多，不如改为编一本《宁城名木古树》，写写名木的来历，讲讲古树的故事，探讨一下古树文化。内容除包括调查资料、古树图片，并以散文的形式对名木古树加以详细描述外，再加上当地关于此名木古树的传说，配以诗，或作赞美或作总结或作调侃，使之更具文学性和可读性，还不影响其该有的严谨的科学性与学术价值。后来我便以此思路为指导思想，重新安排结构，重新编写。

关于树龄，凡注明有真实树龄者，多为有历史资料记载推算出来的。一般庙前和庙内的古树都与寺庙有关，树龄与庙龄基本相同，这类情况，要推算其真实树龄就得要先调查庙龄。除此而外，如果现在要探测真实树龄，得靠打眼儿钻探细数年轮，会对古树有损害，所以，树龄多为估测。而估测树龄，不会那么准确，相差几十年甚至上百年都属正常，须得对同类树做横向比较，对同类树所处地理方位、地势、生长条件、生长环境、是否遭伤害等诸多情况加以通盘考虑，然后再根据古树的粗细、长势定树龄，方能将古树树龄估测得相对准确。如果上差下差差距太大就需互作调整。

看树龄是否久远，不但要看其长的粗细，还要看其长的树形特点。树皮糙厚，鳞皮深裂，凸形块状；枝干苍劲或枯朽，疤节大小、多少；树身上的瘿瘤大小、多少及形状，都是衡量与见证树龄的充分证据和重要条件。比如大城子镇朝阳湾子村下营子宁庆武家门口古榆的遍身巨瘤及厚密的疙疙瘩瘩的鳞皮、三座店镇西沟村两间房河边的古柳干上超大众多的巨型瘿瘤、三座店镇苏家窝铺村张家北沟张志武家门口的古榆东半面已从根部枯死的粗壮高大的枯干、八里罕镇二道沟村刘家营子吕占全家房后古柳的粗度等等，都最具说服力。因此，对书中所记载的古树树龄均作了尽量符合实际的估测。

汐子镇丛家窝铺村梅林窝铺油松、八里罕镇平房村四组南山梁顶油松、右北平镇头道营子村河南西山山顶油松、右北平镇崔家窑村一组老虎山上油松，这4棵都已是死树枯树，都置后一起说，为的是探讨古树死因。这4棵油松的死因各不相同，很有代表性，不外乎：①自然死亡；②因保护不当，或为一己私心和无知造成；③由于人们迷信，不慎造成火灾烧死或因天灾遭雷击；④人为破坏，违法盗伐。不可不引起管护单位和管护人注意。

从调查过程分析，人们的信仰及迷信无形之中客观上对古树也起到了一定的保护作用，从在树下烧香祈求保佑平安和给孩子认“干妈”等普遍传说现象能看得出来，古树被神秘化后也使人有所忌惮和敬畏。一些庙院内外的松柏古树保存下来多与宗教信仰有关。

一棵至少几百年树龄的古树，活化石一样，一旦无辜死亡，就会造成无法挽回的损失，不能不好生管护。这就需要教育人们增强对古树的保护意识，认真加强对县境内古树的保护。

古树划分的国家标准，按树龄分为三级：500年以上者为一级，300至499年者为二级，100至299年者为三级。我决定本书尽量只收录200年以上的。如果100年以上的都收录，数量太多，篇幅有限。200年以上的也有所挑选。

本书共收录名木3株。收录古树：一级35株（含已枯死油松2株），二级87株（含已枯死侧柏6株、油松1株），三级148株（含已枯死油松1株），4株已枯死的油松同列于后。

黑里河国家油松种子母树林基地古松群落和大城子镇鸡冠子山村六组野里皋沟门油松古树群之古油松数不包括在内，因为未能调查出其准确数目。就连黑里河镇下拐棒沟村元宝沟下拐姜家营子南梁白桦沟胡桃楸古树群的胡桃楸古树也没数全，沟中、山上不知还有多少。为考虑到古树的种类，也将一两例不足200年的古树树种进行了收载。当然,没调查到的古树肯定还会有很多。如过后发现,未能入书,只能留有遗憾了。

调查得知:宁城县的古树存量中,古桑、白杆云杉外,榆树寿长。除古松外,所存古榆最多,古松品种只有油松,其次是古柳,再次是蒙古栎。蒙古栎本是本地盛产的地带性植物,因其不易成材,古人常伐其作薪,故蒙古栎遗存并不多。保存下来的古树分布:古庙与深山存松柏白杆云杉最多,村落中榆柳最多。

记录古树,非亲临其地亲身调查,非亲眼目睹,是无法生动具体描述其姿容形态的。只是树有千姿百态,愧我拙笔难绘其一。

总之,九九归一,祝愿我今所记录的和未录入的古树千年后能依然生长健壮旺盛!

一花一草皆舒目,
一枝一叶总关情。
老叟闲来写老树,
人做好事树留名。

李　文

2022年9月15日

目 录

概　述

宁城县位于内蒙古自治区东部，赤峰市南部，地处河北、辽宁、内蒙古三省（区）交界处，北纬41°17′～41°53′，东经118°15′～119°24′。东与辽宁省建平县相邻，东南与辽宁省凌源市毗邻，南与河北省平泉市接界，西南与河北省承德县接壤，西与河北省隆化县交界，西北和北部与赤峰市喀喇沁旗相连。东西长94千米，南北宽64千米，总面积4305.47平方千米。县政府驻地——天义镇坐落于县域东部边缘。

2020年末全县总人口60万人。有汉族、蒙古族、满族、回族等14个民族。宁城县是一个以蒙古族为主体，汉族占多数的多民族聚居县。

宁城县铁路公路交通便捷，历史文化悠久，地质、旅游、自然资源丰富，是农业大县。

宁城县地处燕山山脉东段北麓，属内蒙古高原与松辽平原过渡带，呈“五山四丘一分川”地貌特征。

名木不受树龄限制，不分级。所谓名木，多指像南方的紫檀、楠木、红木、香樟、黄杨、黄花梨等树木，它们稀缺而又珍贵。宁城县境很少名木。有人已将宁城县右北平镇大黑石村桑树洼的两株桑树列为名木。今收录牡丹一例，牡丹为落叶灌木。严格说牡丹不是名木，虽为木本，但属名花，是我国国花，素有“国色天香”之美称，被誉为花中之王。只是宁城县这株“陪嫁牡丹”有其特殊之处：一是出身名贵，来自皇宫御花苑；二是来历不凡，是清朝皇帝所赐陪嫁嫁妆；三是历史悠久，陪嫁塞外360多年了，而且从小城子驸马府移至长皋，这中间曾移栽一次。由于花之主人悉心管护，至今仍生长旺盛，花开不断。已被植物界专家称为生物奇观、活文物。它具有重要的历史价值和文化价值。

宁城有忍冬科双花六道木，听人说它就是传说中“穆桂英大破天门阵”时用到过的“降龙木”，不知真否？是否名贵？

书中提到的藤木葛枣猕猴桃，只是在本地区稀缺而已，不算名贵。

天生万物，万物皆有灵，何况古树！人生一世，不过百年，松柏之树却能久活千年甚至几千年。在古树面前，世人对其应存敬畏之感。

宁城地区，自古以来就是一个因多山而多森林的地方，多森林则自然就多古树。

宁城县五化镇道虎沟地下埋藏着丰富的各类化石。国家于2012年在道虎沟建成了目前亚洲最大的古生物化石原地保护馆。仅从五化镇道虎沟以前挖出的化石种类来看，形成于1.4亿年至1.6亿年间的化石中，银杏叶化石和松杉类化石就有很多，这说明远古时期今宁城县境内气候暖湿，植物茂盛，动物繁多，生态条件非常好。松树、杉树、银杏树等生长繁盛，生存面积广大。银杏树是一种古老而又长寿的乔木树种，此地非常适宜其生长。

再就是，本地发现的巨大木化石充分证明了古代巨大的古树实体的存在。20世纪70年代，在忙农营子乡(今忙农镇)马连吐村东山上曾发现一根卧于3米深黄土中的松木化石，因木化石下方横冲出一条宽约5米的干河沟而被发现，松木化石直径达70厘米。我们知道：古生物化石的形成过程及其后期的保存过程都需要有一定的特殊条件，即有生物的遗体，被迅速埋藏，加上形成化石过程的漫长岁月。

有文字记载，可追溯至西汉，此处山林多虎豹，树茂人烟稀。汉武帝初期，“飞将军”李广任右北平郡(郡治平刚，即今宁城县黑城)太守时，就曾于黑里河川深山密林中射过虎。

宋朝欧阳修使辽至辽上京(今巴林左旗林东镇)，返程途中所作《奉使道中五言长韵》诗中就有“山深闻唤鹿，林黑自生风。松壑寒逾响，冰溪咽复通”的描述。此诗描述的正是中京道境景物，森林葱郁，松涛阵阵。辽中京城就在今宁城县大明镇。

金代文学家蔡珪的诗《霫川道中》有“云山藏客路，烟树记人家”之句，就写的今平泉、宁城一带的景象。

明初，洪武二十年(1387)唐之淳以随军书记之职随曹国公李景隆大军驻军大宁城(今宁城县大明)时，所写《塞上即事》诗中有“处处宜榆柳，川川可稻粱”“遍地皆红药(芍)，当门种白杨”之句，足见当时今宁城县境榆树、柳树、杨树甚多。从今县境所存古榆、古柳之多亦可证之其言不虚。

直至清代，此地也仍是森林密布，古树参天，野兽成群。也是清朝皇帝(尤其是康熙皇帝)常来狩猎的宝地。康熙二十年(1681)四月，康熙皇帝第二次来到今宁城黑里河川行围狩猎，这一次有侍讲学士高士奇扈从。高士奇在其《射虎行并序》中描述宁城境："回冈巨壑丛棘多，阴森林木不知午"在其《扈从杂记》中记载宁城境："地腴苜蓿肥，山幽松树古""乔松千余株，枝枝尽可娇。远望青岭边，似在白云表"明确记载了当年今宁城县境是原始森林遍布，古木参天，古松很多。

清初，由于山东连年荒旱，清廷通过"汉佃招垦""借地养民"等政令的实施，大量汉族人口移民迁入蒙地定居。

清代中期以后，随着王公贵族们大兴土木建造府第、寺庙，毁林不造林；加之林权逐渐私有，不断毁林、烧荒、开垦农田，大片森林逐渐被毁坏。各种古树皆为有用之材，自然首当其冲成为砍伐对象。

自清末至解放前，除西部和北部山区还保留一些天然次生林外，其他丘陵地带大树均已砍伐殆尽。部分沿河近山的农民利用非耕地自发营造了些人工林。

后来，随着人口的增加、人类社会活动的发展等一系列原因，宁城县的林业生态也曾有大量破坏。人们在经历过天灾人祸的惨痛教训后才彻底醒悟过来，开始采取"封山育林""封山禁牧""退耕还林""植树造林"等措施补救，现在才知道了"绿水青山就是金山银山"的深刻道理。

可是，对于保护古树来说，曾经的损失是永远挽救不回来了。比如：就在20世纪50年代前后，人们为了生活的需要，一些古树随着斧锯声声都销声匿迹了。20世纪七八十年代，黑里河八沟道等处许多大油松，都以兴办木材加工企业为名，随着凄厉的电锯的"嗞嗞"声变成了待卖的板材。据说八沟道有一棵大油松王锯倒后装了5车，光板材就出了4立方米。

比如：我的老家三座店镇喇嘛城子村沙梁子，记得我小时候，有个叫蔡喜春的老人，蒙古族，他的家最靠近坤都伦河边。他家院中有棵大柳树，树干上长满了像脸盆大的大蟾蜍似的树瘿（瘿瘤），四五个分枝大干像伞一样张开，遮盖一亩多地，整个院子都在树荫下。树干胸围得5个人伸臂连手才能搂抱得过来，算来胸围得有8米多。有一年，他急用钱，不得已把这棵柳树卖了。这下可苦了买树者，太粗了，没法放。过去都用两人拉的长长的大锯，只得每两人轮班转着圈地锯，一棵树整整放了3天。现在想来，这样的古树伐掉太可惜了！

再比如此段柳树头（如后图），不知是谁最近从何处拉来放在我居住处不远邻居家墙外的，也不知准备做何用？此段柳树头全长2.5米，下端直径130厘米，中间直径145厘米，上端树头分权处则细了，树干是拧着劲儿长的，树心未空。不晓得整棵树树干该有多高。

从此段树头来看，这棵柳树活着时肯定长势良好，树龄至少二三百年了。这

类现象不少见，现在仍未能杜绝人们对古树的砍伐。

……

据统计，2020 年宁城县有林面积 238000 公顷，森林覆盖率 49.2%，在内蒙古自治区仍为森林覆盖率较高的地区，并且还保存着较完整的森林生态系统。

宁城县黑里河川还有国家级自然保护区，保护范围总面积 276.38 平方千米，其中森林面积 21335 公顷，森林覆盖率 77.18%。黑里河国家级自然保护区内分布有目前国内面积最大而且长势最好的天然油松林，面积 4667 公顷。其中有油松古树群落 2 处，共 370 余亩，为国家油松种子母树林种源基地。宁城县为全国优质油松的大面积繁育和林业发展做着特殊贡献。

县境内的古树管护，一般是国有林由自然保护区管理局和各林场管护，如黑里河国家级自然保护区和各国有林场；集体林由地方政府即乡镇管护；属于个人的则由自家管护。

名木古树是中华民族悠久历史与文化的象征，是绿色文物，堪称“活化石”，是自然界历史变迁的见证。由于其具有稀缺性、岁月沧桑性、传奇性和观赏性的独特优势，与自然地理、人文艺术、宗教、历史变迁、历史事件、风景名胜等错综复杂地交织在一起，便形成了精深多彩的名木古树文化。

名木

NINGCHENGMINGMUGUSHU

1. 小城子镇长皋村七爷府陪嫁牡丹

本株陪嫁牡丹生长于小城子镇长皋村七爷府乌家，名木编号：15042900019。纬度（WGS84）41.819891，经度（WGS84）118.9018673。中文名：牡丹，拉丁名：*Paeonia suffruticosa* Andr.。毛茛科，芍药属。

品名富贵红，树龄已363年。株高1.5米左右，冠幅2米以上，一根生四株，最粗干径达7厘米。每年小满前后开花约200朵，花朵直径18~20厘米。花色浅红，花形以皇冠形为主，可见少量荷花形和托桂形。为我国牡丹的传统优良品种中的上品。花开时节，花繁叶茂，红绿相映，层层叠叠，满院飘香。枝干超凡脱俗，苍老粗壮；花朵雍容华贵，富丽典雅，国色天香。

这是一株堪称神州极品的有着名贵出身和悠久历史的“陪嫁牡丹”。据清宫史料《玉牒》记载，顺治十五年（1658）七月，清廷将岳乐之侄辅国公翁古第二女封为县君，下嫁给元勋臣者勒篾十四世孙、喀喇沁中旗祖乌梁海氏、万丹伟征之子额琳臣，赐银在今小城子建驸马府。并特命移皇宫御花苑中“富贵红”牡丹一株作为陪嫁，植于驸马府中。

后因小城子驸马府族属繁衍，子孙难以同堂居住，道光二年（1822），额琳臣

陪嫁牡丹原古株（2005年摄）

第七代孙格木普勒一支便分出迁居长皋村七爷府，并将已在小城子驸马府养护了七代的陪嫁牡丹也同时移栽于长皋村新府庭前。至今，这株牡丹已经历乌氏家族十二代363年的悉心养护，成为内蒙古最古老的传奇牡丹，被植物界专家称为生物奇观、活文物。今由牡丹花女主人张云花管护。

如今，从这株陪嫁牡丹主株又套栽分植出十几株移植到上两院中栽植，乌氏家族上下三院已连通起来建成一处牡丹园。

诗赞：

皇帝嫁女为和亲，陪送牡丹慰臣心。
名花虽然称富贵，富不富贵看后人。
三百余年花仍艳，十数辈间如藏珍。
皇帝驸马杳无迹，唯留牡丹荫子孙。

2021.5.18

2. 黑里河国家级自然保护区大坝沟风景区大东沟山顶六道木

宁城县黑里河国家级自然保护区天然野生动植物物种十分丰富，是宝贵的野生动植物物种资源基因库。

大坝沟大东沟梁顶附近生长着多丛双花六道木，是一种稀有灌木品种。北纬 41°34′，东经 118°24′。中文名：六道木，拉丁名：*Zabelia biflora*（Turcz.）Makino。忍冬科，六道木属。

此物种道须沟有，四道沟兰花山顶也有。大坝沟山顶大丛大丛的六道木，有成人胳膊般粗的。此种灌木生长极慢，最高也就长到 2.5 米左右。如左图的这丛最大丛，丛株中最粗的直径 8 厘米，主干高 2 米多，尤其还是生长在山顶岩石上人迹罕至之处的，又是同根所生一丛十余棵，只粗细不同，似此，其树龄也得 100 多年。六道木木干六棱形，所以人们又叫它“六棱子”，基本笔直，皮灰色，皮薄，木质极硬，无空心儿。

有句歇后语说:“六棱子木砍柔柔——又尖又硬又砬巴。”

民间传说:

说书唱戏《杨家将》《穆桂英大破天门阵》等故事,都说的是北宋和辽国的战争。据说,要破辽国摆下的天门阵,就需要有降龙木破除阵中毒气,降龙木只有穆柯寨有,杨六郎杨元帅让儿子杨宗保去穆柯寨找降龙木,结果在穆柯寨招亲。

后来穆桂英献出降龙木，并挂帅领兵大破了天门阵。传说穆桂英献的降龙木，就是这种六道木。这是多么重要的宝贝！这是传说，信不信由你。

有一件与古代战争有关的关于六道木用途的实事，就发生在黑里河这地方，你可不能不信。今黑里河镇山神庙子村有个小地名叫“酱杆沟”，按“酱杆沟”字面的意思怎么讲也讲不通，有人说应写成“将杆沟”，意思也解释不通。实际是叫“箭杆沟”。叫“箭杆沟”的来历，那就得从西汉“飞将军”李广镇守右北平郡时说起了。

汉元朔元年（公元前 128 年），大将军李广被派往右北平郡（郡治所平刚，即今宁城县黑城）任太守，匈奴一听“飞将军”李广之名，吓得不敢来犯，右北平郡几年没战事。但李广为做好战备，决定在黑里河（今大营子）建大营，屯兵守卫在这里，建黑里河为后勤保障基地；建马圈子（今上、下马圈子）为养马场；开发西泉（今东、西泉）生产木炭，保障军用；开发山神庙子（包括道须沟）、四道沟采集箭杆、枪杆、旗杆等，不断将黑里河的木材、木炭、箭杆、枪杆、猎物、山货等通过黑里河水运往右北平郡治所平刚，以保障后勤补给。因山神庙子一带多生长六道木、忍冬等硬杂木矮灌木，最适宜做箭杆，所以将此沟叫“箭杆沟”。只是年深日久，人们把地名叫白了，把字写错了。今“大营子”，古代不叫大营子，因是李广屯兵驻扎军队之处，就叫“大营”。今加上个“子”字，就成了村子了。

诗赞：

穆柯寨产降龙木，大宋用它破“天门”。
黑里河的六道木，就是降龙木可真？
李广用它做箭杆，物以致用用于军。
此物珍稀该保护，莫把今人比古人。

2022.6.24

3. 黑里河镇道须沟风景区葛枣猕猴桃

此株葛枣猕猴桃生长在黑里河镇道须沟风景区石塘林中，为落叶攀缘藤木。北纬 41°27′，东经 118°22′。中文名：葛枣猕猴桃，拉丁名：*Actinidia polygama* (sieb.& Zucc.) Maxim。猕猴桃科，猕猴桃属。

猕猴桃（也称软枣子），在南方本不珍稀名贵，只不过就是一种生长在藤木上的普通水果。但是，这株葛枣猕猴桃是唯一一种生长在塞外宁城纬度高、海拔也高之地且能生长良好的猕猴桃品种。它仅仅只生长在黑里河林区，且在黑里河林区也不多见，所以它珍稀。

进入石塘林就如走进了热带雨林，巨大的冰石河隐埋于古树茂林之下，巨石上长满绿苔，石下流水，石上林荫，树上缠藤，在这样特殊生存环境、特殊生长条件下，造就了植物特殊的生存本领，创造了自然界植物的生长奇迹。

这株葛枣猕猴桃从巨石罅隙中生长出来，生长年限已久，主干分出多个支干，向东南方向爬去，并攀附上了一株枯杨树。主干根部直径 10 厘米粗，主干根处还蘖生出多株分枝，茂盛得已形成一个家族群落。

由于它是特殊野生珍稀物种，所以需要加以保护。此树所结的猕猴桃比南方的猕猴桃个头小，但特别好吃。

2021 年 10 月 22 日晚 17:30 分中央电视台第四频道播出的《远方的家》节目，播出了“黑龙江朗乡国家级自然保护区”专题片。

片中保护区技术人员介绍保护区内生物链时，说到了保护区内有狗枣猕猴桃，且展示出了狗枣猕猴桃树及果实。他说这是一种食草动物的优良食物。

由此可知，黑龙江朗乡自然保护区内大量生长狗枣猕猴桃，纬度更高、更寒冷地区都能生长，那么，葛（只此字用字不同）枣猕猴桃生长在宁城黑里河地区已不为稀奇，只不过极稀缺而已。

诗赞：

尔本藤木生南国，流落塞外黑里河。
枝繁叶茂藤爬树，花香果甜满枝柯。
地生珍稀成名木，风盛顽石当玉琢。
现今时兴都寻祖，试问与谁是一窝？

2014.5.23

古樹

NINGCHENGMINGMUGUSHU

1. 天义镇孤山子村一组李春红、李静华两家房后榆树

此榆树生长在天义镇孤山子村一组西院李春红、东院李春国（其妻李静华）两院房后正中过道处，离房很近。古树编号：15042900001。纬度（WGS84）41.633414，经度（WGS84）119.29101。中文名：榆树，拉丁名：*Ulmus pumila* L.。榆科，榆属。

此榆树主干高 2 米处胸径约 140 厘米，树干略呈扁圆，估其胸围 420 厘米，主干于 3 米高处分为 4 个大杈。北向杈北弯，有 8 米长，断顶处现出空洞；西向杈 5 米处头断（现还有一断杈仍卡在树上）；东向杈 3 米后弯向西北，伸高；东向杈与北向杈之间有一粗杈断痕；南向杈约 3 米高后向西斜，而又伸高。四大杈分杈后的直径都有 60 厘米。树高 15 米，树冠南北两面大，平均冠幅 15 米。生长健旺，估测树龄 430 年。古树等级二级。

据李静华(55岁)讲述:有3根树根高出地面然后扎下地,过去在树根上拴毛驴。原先榆树在房子前,后来两家把房子盖到树前来了,房子已盖三四十年。

诗赞:

古榆生在天义镇,长于李家孤山村。
一干四杈杈弯曲,各杈断顶顶空心。
断杈朽枯横树上,条皮粗糙纵裂深。
树龄已超四百载,李家保护尚认真。

2022.5.25

2. 黑里河镇二道梁村西梁底梁顶油松

黑里河镇二道梁村西梁底梁顶这株古松，正好生长在内蒙古与河北省省界和内蒙古宁城县与河北省隆化县县界接界处的宁城县一侧，公路道东。

北纬 41°30′，东经 118°19′。中文名：油松，拉丁名：*Pinus tabuliformis* Carrière。松科，松属。古树等级一级。估测树龄 550 年。

此株油松胸围 210 厘米，树高 9 米，主干从上到下多虫洞和鸟啄洞，松皮深灰褐色，鳞皮条块状，裂深。松树主干东侧树皮破损严重，树干上两米多长一条裂缝已呈朽烂之状。主干南侧约 3 米高处一丛枝干散伸，是活枝，有一枝干上伸很高，其余下垂。再往上 1 米，正南一大枝干伸出 3.5 米后弯向西，已干枯。主干西侧高约 2 米处平伸一杈，是活枝。主干高约 3.5 米处一大枝干向西平伸后枝垂，大枝干有 8 米长，也早已干枯。主干再往上分两大主枝和一些短细枝干，皆已是枯干秃枝。北侧、东侧无大枝干。整棵油松仅剩下部那一丛枝干和向西的最下层

（2003.7.5 摄）

的细枝还活着，其余枝干及顶部全已枯死，呈老态龙钟、垂垂将死之状，但总观此树却感觉拥有一种雄壮威武、威风凛凛的大将军气势。

此老松树下生长着3棵接骨木（马尿梢），小树不大。其东面生长着大面积落叶松林，生长旺盛，林相甚好，林密树高，棵棵笔直，平均树高估测有20米。

老松树东北方相距约5米处有一小庙。此小庙系新修的，树北边古时曾有庙，今其处仍有石墙露于地面之遗迹。就连小庙前一大一小的两个石香炉都属遗迹，石雕长方形，两侧似有字或图案雕刻，比较古老，系原庙上之物。

省界的“天然林界桩”就立在老松树北约10米处。

诗赞：

省界垭口地，山岗一松奇。
树老威风在，镇冀守辽西。
头枯枝断离，垂垂显老矣。
是你在护庙，是庙在护你？

2022.5.17

3. 黑里河镇二道梁村东梁底油松

此油松生长在黑里河镇二道梁村东梁底北山梁上垭口处。北纬 41°29′，东经 118°21′。中文名：油松，拉丁名：*Pinus tabuliformis* Carrière。松科，松属。估测树龄 500 年。古树等级一级。

其松长得伟岸挺拔，枝杈婆娑，隐藏在密林中。胸围 290 厘米，干高 6 米，树高 17 米，树干松皮也保存完好，被称为“宁城县之油松王”（原黑里河林场场长朱少彬语）。要说油松王，这是一个有时限的命题，只能说在现在仅存的油松大树中相比较而言。其西还有一松，不如其粗，有一枝干被锯截。旁有一小片笔直挺拔的油松林，虽都不粗，却足有 20 米高。

奇的是，与此油松王并存的其东一株桦树，胸围 160 厘米；再东一株蒙古栎，胸围 185 厘米，相距皆 5 米左右等距，三树枝枝相接。这样三品种大树同生一处且年代皆久远者并不多见，况且非人工所栽而是天然生成。

左为原黑里河林场场长朱少彬（1984 年摄）

油松王旁的古桦和蒙古栎，难得见的一景(2004.10.3 摄)

诗赞：

一树油松生山梁，　被誉“宁城油松王”。
身高六丈好魁伟，　胸围三米不夸张。
古今长河多奇事，　广阔世界难数量。
或属“山中无老虎”，先做猴子当回王。

2022.5.17

4. 黑里河镇兰花山顶崖壁上之倒挂油松

此松生长于黑里河镇兰花山顶峰巅东侧崖壁上。北纬41°29′,东经118°23′。中文名:油松,拉丁名:*Pinus tabuliformis* Carrière。松科,松属。古树等级三级。估测树龄200年。

因根生崖壁石缝,所以很难生长,树本不粗,根部直径约35厘米。树也不高,又弯下倒挂,枝干桠杈苍老,树头已劈掉,整株树虬曲畸形,树头断枯,旁枝延展,针叶油绿,显得风骨遒劲,活脱脱千古奇绝的一株悬崖倒挂式古松盆景。生于峰顶,人迹罕至;长于石上,缺土缺水;形成倒悬,姿态优美;造化此身,不知历经岁月如何修炼而成!岩下不远,半腰处环山为冰石海。

(2001.10.31摄)

民间传说：

由于兰花山的风景特别美丽，天上的小白龙于是下天界来游赏兰花山美景，不幸遭雷击落，幸被一道人发现救起，将小白龙背上兰花山顶，再背过“仙人桥”，小白龙在此又飞回天界。因救小白龙，后来道人也升天了。于是苍松古桦也想在此升天。峰巅崖壁上的这株虬曲的倒挂油松就是意欲升天而未成便休歇于崖壁上的。还有附近那5棵呈盘龙望天之势的白桦，虽不知其生长年代多久，就看那也想升天而未升成的张牙舞爪之态势就足够怪异的了。谁见过别处桦树有这么长的？据说人能从“仙人桥”上过去便可成仙升天，但是都想升天，哪有那么容易？

诗赞：

兰花山顶石崖峰，　峰崖侧畔长青松。
枝干虬曲身倒挂，　本欲升天想成龙。
升天未成憩于壁，　苍枯老态疲惫中。
崖下石海“水”浩瀚，“苍龙探海”势峥嵘。

2001.10.31

5. 黑里河镇兰花山顶花楸

此花楸树生长于黑里河镇四道沟兰花山顶大石砬子上。北纬 41°29′，东经 118°23′。中文名：花楸，拉丁名：*Sorbus pohuashanensis*（Hance）Hedl。蔷薇科，花楸属。

要讲树高、胸围、胸径都谈不上，它原是一株，可却从根部分蘖出一丛 10 余株分干，形成丛生状，而且由于生长年代久远，干枯一茬又生一茬，看其已死枝干的枯朽之状，至少都已轮替更生三四茬了。每茬枯死之树干胸径多在 20~30 厘米。现在此花楸仍生命力旺盛，十几棵枝干伸枝八面，棵棵高有五六米，占据石砬子半面，却又是隐居于浓密丛林其他高大桦杨松杉之下。秋季来临，它特别显眼，红红的叶、红红的果与周围其他树木红黄绿相映。旺盛繁茂的新干新枝相伴着好几茬的朽干枯枝，真是别具风韵，老干新枝都在，新生与涅槃共存。况又生长在难生难长之地，估测其树龄当有 500 年。古树等级一级。它旁边有一棵古老高大的白杆云杉相伴。

梁志刚 摄

诗赞：

老干新干已三重，家族数十同根丛。
老态龙钟枝节短，新发叶稠秋果红。
独居高山顶上客，或因千年岩上生。
深山秘藏一仙翁，于无人处潜修行。

2015.10.5

6. 黑里河镇兰花山顶白杆云杉

此株白杆云杉生长于黑里河镇四道沟兰花山顶大石砬子旁，就在兰花山顶大石砬子上的古花楸东侧，相伴古花楸生长。北纬 41°29′，东经 118°23′。中文名：白杆，拉丁名：*Picea meyeri* Rehd.et Wils。松科，云杉属。古树等级一级。估测树龄 500 年。

树干笔直粗壮，枝杈四伸，优美呈伞状。树高约 13 米，胸围 220 厘米。此株白杆云杉称作“高山活化石”当之无愧。宁城地区的野生云杉都是白杆。

诗赞：

生与花楸相为伍，根扎岩层最缺土。
深山老林躲人迹，直干逸枝形威武。
峰顶举目看世界，身边众木呼树祖。
花楸千年我陪伴，甭问吾庚古不古。

2015.10.5

7. 黑里河镇道须沟风景区石塘林中千年白杆云杉

此白杆云杉树生长于黑里河镇道须沟风景区石塘林中，这是扩展石塘林游览区时新发现的一株白杆云杉。现已成为石塘林中一处奇景：千年古云杉，龙凤合体树。北纬 41°45′，东经 118°35′。中文名：白杆，拉丁名：*Picea meyeri* Rehd.et Wils。松科，云杉属。

一株千年白杆云杉盘曲地伏卧于石塘林中巨石之上，根北头南之向。粗大树根伸入巨石罅隙，根旁(即龙头处)两边又生长着锦带、杜鹃、白桦、八仙花等五六种小树，很像龙头和龙须。树身距树根高约 2 米后基本拐直弯向东平伸，约 1 米处树身上有朽洞，可见洞已中空。然后再弯而向南，长约 3 米，继而卧巨石上，后又南伸约 3 米且略向高抬，至此，整棵树干已形成弧形。此处树干上出现两个断杈疤痕，可此处却有一向北伸出的细杈，枝覆石上，枝叶茂密青翠。再后主干则细，直径不足 30 厘米，从巨石上突然直起向上生长，至树顶有 5 米，此 5 米处枝伸杈展，树形张开似凤尾，又如孔雀开屏。整棵白杆云杉身长 15 米左右，从根部至树梢除形成弧形外又加三道弯，形成了龙头龙身凤尾之状，真如一条

巨龙龙身盘弯、又呈凤尾翘起之态。

此白杆云杉根部树围210厘米，树干上长满厚厚的青苔，估测树龄千年有余。古树等级一级。古树偃卧之势已奇，像形之姿已奇，然更奇的是：树身前段偃卧于巨石之处，也即龙背上出现了树洞，树洞中空，树却仍生长旺盛。

诗赞：

龙头形成树五种，凤尾又似雀开屏；
龙身卧石背生洞，山中千年初展容。

2014.5.23

8. 黑里河镇道须沟风景区香杨

香杨，宁城地区不缺，但现存古树不多。为呈现和照顾古树品种的多样性与存在的广泛性，今收录香杨古树一棵。黑里河国家级自然保护区内的道须沟风景区有 3 棵香杨古树，虽不算很古，但也算是至今所见最古者了，今记其中较粗的一棵。

古树编号：15042900169。纬度（WGS84）41.457684，经度（WGS84）118.355569。中文名：香杨，拉丁名：*Populus koreana* Rehder。杨柳科，杨属。

此棵香杨生长在道须沟风景区情人岛附近的公路边，树下已设置保护设施。此香杨胸围 285 厘米，树高 25 米左右，树皮暗灰色，沟深裂，皮粗糙。树干两米以下有几处疤瘤。两米以上始生两细枝杈，4 米以上才枝杈渐多且粗，再上分成两主干。枝繁叶茂，生长旺盛。

香杨树的特点：材质轻软，树形

美观，香味浓郁，叶芽大，富胶质，尤其在生长季节和雨季气孔张开时，芽液黏稠，香味更浓。

估测此香杨树龄 165 年。古树等级三级。

诗赞：

自生一种杨，展叶满树香。
树龄虽不古，保护又何妨？
好物早扶持，久后定势强。
待过几百年，又一香杨王。

2022.9.17

9. 黑里河镇北毛扎子村盘龙山盘龙松

黑里河镇北毛扎子村东山之西坡上并排生长着3株古油松，最东边的一株被人们称为神奇的盘龙松，盘龙松西边并排生长的两株挺拔高直、俊逸秀美，人们称为“姐妹松”。

盘龙松古树编号：15042900154。纬度（WGS84）41.440566，经度（WGS84）118.4250302。中文名：油松，拉丁名：*Pinus tabuliformis* Carrière。松科，松属。古树等级一级。估测树龄500年。

天公造物，百般神奇；地生万物，也无奇不有。这株盘龙松是从岩石缝中斜着生长出来的，裸露在外的树根粗壮盘绕，交叉延伸足有3米，很像巨大的龙爪紧紧抓地。树干自根部即斜出而盘旋一圈然后再向上生长，最粗处直径约70厘米。盘旋上升后伸干展枝，根根枝干也是虬曲盘弯，多数长长地伸向东方，婆娑摇曳，苍劲古朴，整条巨龙如游动，如升腾，如探头，如爬行。树皮也与其他松树不一样，大片大片整齐地排列与龙鳞相似，其色有褐、赤、棕等不一，树皮厚而裂隙较深，其松节短小粗糙如鸡爪般显苍老。整株盘龙松真就像一条神龙正欲盘旋腾起之状，真是一株奇松、神树，实属罕见。

神树盘龙松，黑里河一绝

民间传说：

据说“盘龙山”之名还是河北（省）那边来的人给起的呢，当地很多人都不知道，有人至今还在叫“东山”呢。河北那边很多人慕盘龙松之名过来烧香，因山上有此盘龙松，故而将此山就称“盘龙山”了。

据说是这株盘龙松正在守护着旁边的姐妹松。

诗赞：

龙爪抓地伸岩缝，龙身盘曲显异形。
龙须东向开屏翼，龙鳞簇厚排齐整。
龙鬣随风如游动，龙头观望如旋行。
正果修成归天界，正欲腾飞入云层。

2004.9.20

10. 黑里河镇北毛扎子村盘龙山姐妹松

此两株油松就生长在黑里河镇北毛扎子村盘龙山西坡盘龙松旁边，古树编号：15042900152–15042900153。纬度（WGS84）（仅以第一棵代表）41.440565，经度（WGS84）（仅以第一棵代表）118.4251155。中文名：油松，拉丁名：*Pinus tabuliformis* Carrière。松科，松属。古树等级一级。估测树龄500年。

两株油松挺拔笔直，长势一样，基本同粗，连根并干，枝牵叶接。胸围皆有220厘米，树高15米余，树冠圆如伞盖，真如一对非常漂亮的姐妹。盘龙松由于其树干盘弯螺旋后上升，所以看上去比姐妹松矮了一截。并排两株古松东边的那一株即姐妹松中的“姐姐”，根部今仍明显可见锯口的痕迹。

民间传说：

据当地老人讲：从前这东山上的树都是北毛扎子村财主徐明的。有一天，徐明想把这姐妹松中的“姐姐”锯倒做棺材板，于是就派了两个长工去放此树。当两人锯此树时锯口处流出来的汁液竟是鲜红的血。两人开始锯树后，财主徐明

盘龙山姐妹松

在家里突然浑身疼痛，大汗淋漓，发昏张跟头地要死要活。家人赶忙请来“香头”给看病，那“香头”就下仙发话了：“他把我家的旗杆要给放了，放了旗杆我就要他的命。”徐明马上派人去令二人立即停止放树，这时，两个长工都快要把树锯得对口了。

后来，徐明的病渐渐好了，这棵树也神奇地活了下来，慢慢地锯口又长上了。

盘龙松与姐妹松之所以能保留至今，就是因为流传着这么神秘的传奇故事，震慑了人们，让人产生了敬畏心理，所以至今无人敢动这三棵松树。

盘龙山顶还有一棵很粗的古松呢，只是关于它没有什么传说故事。

诗赞：

盘龙守护两姐妹，高挺俊秀并肩排。
枝牵叶抱根连根，冠如伞盖栋梁材。
姐曾被锯流红血，竟然还能活下来。
莫道神奇有仙佑，锯口伤痕或可哀。

2004.9.20

11. 黑里河镇山神庙子村小道须沟蒙古栎群与胡桃楸

蒙古栎，又名柞树、橡子树、㮄树、柦椤树，本地土名称柦椤轰子，或写作菠萝树、波罗树。中文名：蒙古栎，拉丁名：*Quercus mongolica* Fisch. ex Turcz.。壳斗科，栎属。

宁城地区，准确地说，长城以北包括辽东辽西广大地区在内，古代盛产蒙古栎，蒙古栎是这一地带的地带性植物，历史上曾经有大面积的蒙古栎原始森林。人们多用来砍伐作薪，由于人类的长期砍伐，蒙古栎原始森林已经消失。

清代陈康祺的《郎潜纪闻初笔》载，乾隆二十八年，直隶按察使裴宗锡向皇帝上书："古北口外山场，产菠萝树，土人俱伐作薪，不谙养蚕。此树本名橡树，入土即生，三四年后，叶可饲蚕。臣前在济东，饬属遍栽，颇有成效。今以之供

薪，殊觉可惜。请照东省法，劝民广栽试养。”

《清高宗实录》（乾隆二十八年部分）中对此事也有记载：“……热河三厅各山场，遍长红叶，系菠萝树，土人祇砍伐作薪，不谙养蚕，殊为可惜。又八沟厅属之难儿河与塔子沟属之三座塔、木城等处，亦多长此树。应请令热河三厅与八沟二厅地方，凡有旷闲山场，俱劝谕百姓，广为栽种养蚕……”

清代的八沟即今平泉，塔子沟即今凌源。乾隆二十八年时今宁城县境属八沟厅辖。

清光绪年间平泉州文人涂方晋，曾作《平泉杂咏》诗，其中有一首就是写平泉、宁城一带生长的桲椤树的：

狮子沟连党坝南，暖泉泉水味芳甘。
平冈一带桲椤树，叶子青青好饲蚕。

党坝在今平泉市，平冈即今宁城县黑城。

另，《中国大百科全书》“柞树条”：“用以放养柞蚕的栎属（*Quercus*）植物的通称。属于双子叶植物的壳斗科。……其叶是柞蚕的主要食料。放养柞蚕的主要树种为辽东栎、麻栎、蒙古栎和栓皮栎。波罗栎（柞栎）、锐齿栎和槲栎等亦可放养柞蚕……”

栎树有多种，宁城地区存在的品种主要有蒙古栎、栓皮栎、波罗栎等。

古代地名以树命名者很多,多以此地方某树之特点、面积、数量而定。因宁城地区及附近地区盛产蒙古栎，所以有村名叫梓椤树，平泉也有村名叫梓椤树……

今宁城县境内所存的几棵蒙古栎古树，分别生长在黑里河镇小道须沟、四道岔,右北平镇温杖子，存金沟乡草沟门及大城子镇梂树梁等地，这是仅存下来的蒙古栎原始森林的孑遗生存和印记，对研究我国燕北山地植物演替具有十分重要的科学价值。

黄 檗

胡桃楸

黑里河镇山神庙子村小道须沟北山坡、离人家东边不远处有6棵蒙古栎，分布在约一亩地范围内的茂草丛中。位于北纬41°25′，东经118°23′。靠东边最下边的一棵最粗，胸围320厘米，根部有4处根隆起，如凸出的巨瘤。主干高3米处分生成一主干四侧干，西侧有断了的侧干上长出三杈。树高约14米。以此树为基点，此树其西有两棵，最西那棵主干向南歪斜，主干最高，约8米。东北方有3棵，其中最北一棵最细，也最矮，胸围170厘米，高约10米。此3棵中的最南边一棵与前边先说的西两棵中最西的那棵胸围都达200厘米；其余两棵胸围都有180厘米。6棵蒙古栎都生长旺盛，各皆枝杈婆娑，大叶荫翳正浓。估测树龄都有300余年。古树等级二级。

此 6 棵蒙古栎的东边，距离约 100 米处呈三角形分布还生长着 3 棵古树，东南边的一棵是蒙古栎，是大叶品种，叶大叶厚叶色油亮，胸围 110 厘米，树高 13 米。西边和北边的是两棵山核桃树，俗称核桃楸，核桃楸是国家重点保护植物。中文名：胡桃楸，拉丁名：*Juglans mandshurica* Maxim。胡桃科，胡桃属。两棵胡桃楸中西边的一棵最粗，胸围 260 厘米，北边的一棵胸围 220 厘米，树高都在 14 米左右，树龄也都在 200 年以上。古树等级三级。在东南边的蒙古栎与北边的胡桃楸之间还长着一棵较粗的珍稀树种黄檗（黄柏），中文名：黄檗，拉丁名：*Phellodendron amurense* Rupr。芸香科，黄檗属。黄檗为国家重点野生保护树种，即人们俗称的黄菠萝，胸径 30 厘米，树高 10 米。外层厚皮浅灰色，裂沟深。

“道须溪涨三秋雨，绿野林飞万树烟。”在小道须沟这么山高沟窄河谷深、沟边河岸山上全是密森林、山深林静人家少、遍地山泉水充沛的地方，保存着这么 7 棵古蒙古栎、2 棵古胡桃楸、1 棵虽不古老也够相当粗度的黄檗，真正构成了一个古树群落，而且是较大的栎树群落，十分难得。

诗赞：

黑里河川道须沟，天蓝树绿草幽幽。
山神庙上小道须，山高沟窄水遍流。
山坡古栎成群落，核桃黄檗掺里头。
三百年前栲椤树，五百载后胡桃楸。

2021.8.27

12. 黑里河镇上拐棒沟村小松树沟小庙旁两株油松

此两株松树生长在黑里河镇上拐棒沟村小松树沟小庙旁，路南。古树编号：15042900147–15042900148。纬度（WGS84）（仅以第一株代表）41.382137，经度（WGS84）（仅以第一株代表）118.402119。中文名：油松，拉丁名：*Pinus tabuliformis* Carrière。松科，松属。

两株油松一粗一细，相距 3 米。南边的油松细，胸围 210 厘米，树高约 25 米，主干下部稍有弯；北边的油松粗，胸围 260 厘米，树高约 27 米。北边粗的油松树干直，但此树遭过雷击，树干东侧有一条通长的伤痕无皮，宽处 15 厘米。树高约 10 米处生枝杈，枝杈很长有所下伸。南边细的油松树高约 15 米处才有枝杈，枝杈较短，树头小。

两株油松长在路边，高挺显眼。比较而言，虽不及“三炷香”那么高，但也算很高的了，如用人身材来形容，长得“细高挑”。估测其树龄应有370年。古树等级二级。

小庙传奇：

一般来说，每处地方先有人居，才会有人建庙，不管大小庙。宁城地区的汉人多为清朝初期以后从山东、河北等地迁来定居，且“穷奔深山富奔川”。像小松树沟这么闭塞偏僻的深山沟里，迁徙来此定居者都比较晚，多在乾隆年间或以后。此沟中有人烟了，便建了座小庙。小庙建在哪儿呢？建在这两棵松树下吧。也不知建的是河神庙还是山神庙，或是九神庙，反正人们有所信仰。所以，因有庙，也就留下了树。

那年，因修路拆了小庙。这可不行，有小庙能护树。于是村民便将小庙挪挪位置重建在了路东边山根儿，仍对着两棵松树。

至今也不知道此小庙叫什么庙。

诗赞：

山高路窄小道通，进沟先见两株松。
一高一矮迎远客，一粗一细让路东。
古有它先定庙址，今展奇姿美村容。
村民开车树下过，古今树同人不同。

2022.6.19

13. 黑里河镇上拐棒沟村小松树沟“三炷香”

“三炷香”——三棵长在一起的油松，生长于黑里河镇上拐棒沟村小松树沟西山山半坡，海拔 1054 米。古树编号：15042900149-15042900151。纬度（WGS84）（仅以第一棵代表）41.38203，经度（WGS84）（仅以第一棵代表）118.3998495。中文名：油松，拉丁名：*Pinus tabuliformis* Carrière。松科，松属。

“三炷香”的名字起自于当地百姓，名字起得好也极贴切：三棵古松好像一个根集束生长，“品”字形排列，三棵树几乎同粗同高，都树干笔直奇高，树高 30 余米，是县内最高的古油松，也是目前内蒙古境内现存天然油松古树中最高的。松皮光洁，鳞片整齐。仅东边那棵的主干高约 4 米处东侧生有一小枝杈。三棵皆主干通天，其余两棵连旁生枝杈都没有，主干在 20 米处才有分枝。东边的那棵

胸围 245 厘米，南边的那棵胸围 215 厘米，北边的那棵胸围 230 厘米。此三棵松树之北约 2 米处有一棵小松树，或许就是它们的松籽儿掉落所生。小松树沟遍山森林茂密，处处郁郁葱葱，“三炷香”生长于密林之中，树体雄健绝美，针叶凝绿叠翠，犹如鹤立鸡群，明显突出高大。

此处山林属方家，方殿奎家坟茔地就在树西 50 米处。因常去上坟，已修出上山小路。

此次调查遇下仓库村阎凤财（55 岁），请他当向导领我们去的。在村头遇一开三轮子往下去的老汉，他们认识。老汉说，他就是方家的，这三棵树一百五六十年了，他家祖上栽的。此说不确，这三棵油松绝对是天然生长的，绝非人工所栽。估测其树龄至少已 350 年。古树等级二级。那时他方家的祖辈还没从山东迁来呢。

诗赞：

小松树沟大松树，三炷高香隐密林。
形似同根三兄弟，通直天姿十丈身。
“品”字排列同相比，等粗等高接白云。
堪称宁城第一最，当仁不让高松魂。

2022.6.19

14. 黑里河镇上拐棒沟村贾槽子白杄云杉

热心的阎风财领着我们看完小松树沟小庙前的两棵松树和“三炷香”后，他说：“索性我把摩托车放下，领你们也去看看那棵云杉树吧。”

北纬 41°21′，东经 118°22′。中文名：白杄，拉丁名：*Picea meyeri* Rehd.et Wils。松科，云杉属。

此白杄云杉生长在上拐棒沟贾槽子地方，很窄的一条沟，路东是河，白杄云杉生长于河东边山根儿密林中，在路上能见到它高出群树一截，被周围的核桃树包围着。过河后老阎说：“小心点脚下，这地方蛇多。”要攀到树根儿很难，太陡，白杄云杉长于极陡的坡上，脚下土松叶滑。老阎替我量的胸围及上边的主干，此白杄云杉胸围236厘米，主干高1.3米处断一干，形成大疤，只剩南侧一干。断干后所剩之南侧干树围187厘米，约于1.5米高以上始有枝杈，枝杈上正生

长着蚕蛹似的云杉塔。树高 10 米。

此白杆云杉生长环境幽静闭塞，土质肥沃，水分充足，人迹罕至，不被打扰。估测树龄 550 年。古树等级一级。

诗赞：

上拐紧邻承德县，更近还有贾槽子。
云杉深藏槽沟里，只有流水告人知。
坡陡石滑生其上，历经沧桑冬夏时。
断干疤痕显岁久，出露高处是别枝。

2022.6.19

15. 黑里河镇下拐棒沟村元宝沟下拐张家营子 7 号院陈德玉家黄檗

此株黄檗生长在黑里河镇下拐棒沟村元宝沟内下拐张家营子 7 号院陈德玉家老房子房后（陈家已搬到外边去住）。古树编号：15042900082。纬度（WGS84）41.360088，经度（WGS84）118.4299308。中文名：黄檗，拉丁名：*Phellodendron amurense* Rupr。芸香科，黄檗属。

黄檗（黄柏），人们俗称黄菠萝，为国家重点野生保护树种，也是第三纪孑遗植物，是十分珍贵的优良树种。此株黄檗胸围 180 厘米，主干于 1.45 米高处分为两主干，现西侧主干已因枯死在分干处被截掉，截处直径 30 厘米。剩下的东侧主干树围 140 厘米。起高近 2 米处分成南北两大杈，南杈粗，北杈细。南杈向上又分两杈，西向杈已干枯，东向杈活着，最高。北杈又分成两杈皆向北歪。树高 14 米。树皮已变为黑灰色，生长态势一般。估测树龄 120 年。古树等级三级。

虽然其树龄不够 200 年，然其为珍贵稀有国家重点生物保护树种，故而入书记之。

据其家邻居说，此株黄檗并非人工栽植，而是天然自生。他家的老房子已年岁很久了。依我查视，认可此说。因其离房太近，离房屋后墙不足 1 尺，谁家栽树也不会故意栽得离房这么近，况且其家房后还有较宽余地方。

诗赞：

元宝沟内张家营，一株黄檗房后生。
百年老树珍贵种，祝愿枯枝再返青。

2023.8.29

16. 黑里河镇下拐棒沟村元宝沟下拐姜家营子南梁白桦沟胡桃楸古树群与山荆子古树

山核桃树，俗名核桃楸，中文名：胡桃楸，拉丁名：*Juglans mands hurica* Maxim。胡桃科，胡桃属。落叶乔木，国家重点保护植物。

黑里河镇下拐棒沟村元宝沟，山沟较窄，林木葱茏。从有黄檗古树的下拐张家营子再往沟里还有一个下拐姜家营子居民点。从下拐姜家营子再往沟里走也是步步在上山，沟中除郁郁葱葱的各样其他树种外，山核桃树特别多，且随山势变高，树龄百年以上的山核桃古树逐渐增多，200年以上的占多数。

移步四顾，沿沟细数。初见道路南边林中第一棵，胸围200厘米，惜头断，已近枯死。前行不远，山路东边一棵，从根部就生多干，无法量其树围。顺沟往上

走，又见沟西侧有 3 棵，根部生多杈的一棵在下，根部只生主干的两棵在坡上。跋涉前行约百米，道西 2 棵，量其粗的一棵胸围 170 厘米。道东较大范围 8 棵，量其近处的一棵较细的，胸围 150 厘米。再往上走，约已 3 里地，沟面变宽，山已更高。道西北有一棵带黄叶的，树高 18 米，胸围 230 厘米，它可能是最高的了。从这儿往上，沟面开阔，是一大片开阔地，又似草甸，向导罗金成说："这儿就是白桦沟，人称大洼。"树木减少，而分散生长着的多棵大山核桃树却特别显眼。山梁也已近顶。这里就是白桦沟胡桃楸古树群古树最多处。北纬 41°21′，东经 118°26′。

道西靠路有一棵断头断杈残树，剩桩高 2.4 米，胸围 230 厘米，估测其树龄约有 300 年。它跟前有两棵，西边距它稍远及更远还有 5 棵。

再往南走，走到开阔地最上边，道东边集中有 5 棵，其中最西一棵胸围 210 厘米；最东一棵顶部已干枯，也有干枯大杈，胸围 205 厘米；最南一棵胸围 160 厘米；北边另外两棵与此树粗度相仿。再向东边远处沟里看，沟里一棵底半截活着上半截已枯死。沟里另有两棵大山荆子树，树龄也都百年以上。

道西，最靠东的一棵从根部起高 30 厘米就分生成两主干且向两边分，似成两棵树，根部树围 370 厘米，分杈后东干胸围 172 厘米，西干胸围 170 厘米，根部南侧有朽洞。细数道西远近共有 9 棵，最远的约距此树 500 米。

此白桦沟处山核桃古树群落，古树最高的 20 米，最矮的十三四米。分布也较集中，形态也生长良好。此处树少却草茂，各种青草没膝深。

另外，距此棵一株分两干的大核桃树以北约 50 米，离道不远，生长着一棵大山荆子树（别名山丁子），胸围 230 厘米，树高 12 米，长的非常茂盛，离地不高即有蓬大的枝叶直至树顶，树冠又大又圆。估测树龄超过 300 年。古树等级二级。山荆子树为蔷薇科，苹果属。中文名：山荆子，拉丁名：*Malus baccata*（L.）Borkh。

本次调查粗略统计，此元宝沟中，仅从下拐姜家营子始，至白桦沟近梁顶止，这大概四五里地沟中与坡上，胸围至少在 150 厘米以上，树龄 100 年以上的山核桃树 38 棵，其中 200 年以上的至少 20 棵。最古老的树龄有 300 年的 2 棵。山荆子古树 3 棵，其中树龄 300 年的 1 棵，100 年的 2 棵。周围再远处没去，不知掺杂在其他密林中还有多少山核桃树或其他树种古树。山核桃树上正挂着一个个或一串串成熟了的黄色核桃果。

这是宁城县境内深山中面积最大、株数最多、树龄最长的一片天然林胡桃楸古

山荆子树

树群落。

从此处过南梁就属河北省，紧临平泉市旅游景区光头山。

诗赞：

元宝沟中白桦沟，野生满沟胡桃楸。
百年树龄寻常见，二百多年二十株。
深山密林原始貌，开阔梁顶古树留。
零散分布四五里，集中多现更难求。
另有古树山荆子，傲立山梁真挺牛。
如此群落实稀少，不加保护无理由。

2023.8.29

17. 黑里河镇下拐棒沟村羊草沟里四株旱柳

黑里河国家级自然保护区各种古树就是多。

此 4 株柳树生长在黑里河镇下拐棒沟村羊草沟里。北纬 41°23′,东经 118°25′。中文名:旱柳,拉丁名:*Salix matsudana* Koidz。杨柳科,柳属。

此 4 株柳树东西向不等距排列。最东边的一株,其东北方向有户人家。柳树胸围 600 厘米,树形最高大,上部 5 个大杈高低不齐,树顶有断杈未掉。有一根断掉的已朽烂的大杈也躺在树边,直径约 40 厘米。树根部南侧鼓出很粗大的一个凸包,似干似根。树干上部都长小松树了。树高 12 米。其西约距 10 米的一株最粗,树干南侧已腐朽烂掉许多,所剩残干胸围还 730 厘米呢,但上部主干变

细,枝杈不多,最苍老,树头也小,树高 8 米。其西约距 15 米,第三株柳树胸围 410 厘米,主干生长完好,干上细枝较多,树头分 3 杈,枝杈茂盛,树高 10 米。第四株在第三株之西北方,距离较远,距第三株约 30 米。据罗金成说,两者之间还有一株更粗的来,死了放了。第四株胸围 420 厘米,主干高 1.3 米处以上分成两干,长的也健壮。树高 10 米。

估测树龄,最东边的两株 500 年,尤其第二株最粗者或更长。古树等级一级。另两株也都在 300 年以上。古树等级二级。

民间传说:

关于黑里河大营子的历史传说很多。比如:大营子,古代不叫“大营子”,因为西汉时期,汉元朔初年“飞将军”李广任右北平郡(郡治所平刚,即今黑城)太守时,曾在

这里屯兵安过大营，所以就叫“大营”。即使后来把黑里河大营子称作蒙古语“霍尔霍克”或“霍里霍”。也是沿袭的“军寨”之意。

比如：大水缸南有二山，前面叫“蝙蝠山”，后边叫“老鹞子山”，老鹰吃蝙蝠，前山还有好？听说“大水缸”之地名就因为是康熙皇帝当年饮马的地方。

这里主要说说大营子没能出九家王子却出了一位娘娘的故事。

八沟道，是清代北松

州（今赤峰，当时也称哈达）通往南八沟（今平泉）之要道。

清康熙皇帝由京城出来，来北方打猎游玩，率领群臣及大队人马途经黑里河大营子，就驻跸在了大营子，扎下行营。皇帝也不免走走看看。

大营子可是一处风水宝地。从羊草沟里有古柳树之处向西看，远处有一高山。从此处过北山往东看，还有一座同样的高山相对。这两座高山前，围起来的矮山有5座山头，就像是5只龙爪，似是潜卧着一条五爪神龙。皇帝观看山景来至羊草沟里，懂风水的军师对康熙皇帝说："观察此地山脉水系，此地将会出九家王子。"康熙看着这里的风脉也感觉不同寻常，又听军师这么一说，心中恐惧，怕将来有人篡了皇位夺了他的江山，这是大事。于是便问军师："如何能破占？"

军师说："可于西山顶和北山顶各筑一个敖包压上，压上敖包后就把龙脉压住了。"于是康熙立即下命令，让全体士兵运土上山筑敖包。我们现在还能看得见两山山顶都有大土包。这土堆敖包就是当年康熙让士兵每人一把土堆成的。两敖包前群山围着之地，康熙起名叫"汉城"。

军师只说压上敖包后就把龙脉压住了，并没说出压住谁的龙脉。康熙压成敖包后，结果把自己的龙脉压住了，他的后代一代不如一代了。

羊草沟北边有龙潭，有饮马坑，康熙饮马的地方。

康熙皇帝相中了村中一位最漂亮的姑娘，召来晚上陪王伴驾作了娘娘。康熙对娘娘说：回京后就派人来接她进宫。康熙并给了娘娘一条玉带作为信物。

由于康熙皇帝压了敖包破了风水，大营子没能出九家王子，却出了一位娘娘。

也许皇帝一夜风流后就没当回事回去忘了，也许皇帝就根本不想来接。娘娘左等右等也不见皇帝派人来接，没等到来接，不到半年娘娘就忧郁而死了。

娘娘坟就埋在大水缸附近，当地人们也叫"皇家坟"。

后来，娘娘的娘家人与人因事引起了争执纠纷打起了官司，那时打官司得上平泉。娘家人作为原告，去打了几次官司都没打赢。后来把皇帝赐给娘娘的玉带拿上又去打，平泉县的县长一见玉带，马上就给娘娘的家人跪下了。官司不用打了，赢了。

羊草沟里的齐家曾是有名的大财主。

现在也有人议论：现今羊草沟门这里开起了铁矿，5 只龙爪给挖断两只了，风脉给破了，这里越来越不行了。

也有人神秘地笑着说：“这儿南山下的赌鬼晚上到西山去要钱，鸡一叫，赌场就散了，耍一宿。早晨回来从兜里往外掏钱，掏出来的全是纸灰，跟鬼耍一宿。”这事多荒唐，难道人死后变成鬼，到阴间鬼也要钱？这个故事倒是听起来有意思。

诗赞：

羊草沟里藏玄机，四株古柳也出奇。
东边两株五百载，西边两株三百一。
最粗半身已朽损，次粗大杈折断离。
莫道柳老不吹棉，此处也曾来皇帝。

2023.8.29

18. 黑里河镇八沟道村头道沟门养鱼塘东山坡油松与西山顶油松

一株油松生长在黑里河镇八沟道村头道沟门养鱼塘东山坡上。北纬 41°23′，东经 118°27′。中文名：油松，拉丁名：*Pinus tabuliformis* Carrière。松科，松属。

在公路上就可看见，它比别的树格外发黑。此松生长在坟地里，胸围 220 厘米，树高 12 米左右。树干高 5 米处才有枝杈。东、北松枝密而长，枝枝下垂，显得飘逸；南、西南枝少，树冠不圆，似缺空一面。主干不直不光滑，多有弯也有节疤，上多鸟啄洞。松皮宽又厚，厚度 3~4 厘米，块大条长且不规则。估测树龄 400 年以上。古树等级二级。

来村中采访，在公路边有两位老太太正闲坐歇凉，便前去相问。一位老太太说："是下拐村二道沟老柴家

的坟茔地。前年下大雪压下一个大杈子来，南面的，这么粗(用双手比划着，像说直径有 40 厘米)，树形不好看了，原来是圆的。”“那柴家的老婆儿年年来上坟，有一年燎荒了，打那不见她来了。”“松树东边那远处的高山，那山的大石砬子下边就是老虎洞，那洞可大了。”

诗赞：

头道沟门东山松，生长柴家茔地中。
三面下披松枝美，一面残缺因雪凶。
认看松皮知树老，怨有飞鸟啄树空。
八沟道边四百载，黑里河水也流东。

2022.6.19

另一位老太太说：“西山顶上也有一棵，松树长在大石砬子顶上。那棵松树长得笔管儿条直像把伞似的。原来山上没树，就那一棵松树，非常显眼。从前没有照相机，上级还曾经派人来画过它呢，画得挺像的呢。”我问：“那棵多粗多高呢？”老太太说：“比东山坡坟地那棵高多了，也粗多了。”

另择日，村人姜子建当向导领着我们从东南侧登山至顶，于山脊东坡果见那株古油松。因周围松树长高，都把此松遮挡了。又因此松生长处很险要，坡极陡，杂树多，难以俯视，也难仰观，故难拍全貌，也无法远距离拍照。

此松胸围 200 厘米，主干直，主干高约 8 米，树高 12 米。树冠多杈，伞状冠形，枝条下垂，平头多虬枝，松皮片大不规则。估测树龄 250 年。古树等级三级。只是不知是否是老太太所说的那株古松。

松树来历的故事：

姜子建说：听老人说，松鼠、花狸棒（花鼠）之类，两腮有两个兜，它把松籽儿等树木种子塞入兜中带回洞中准备冬粮，有时跑着跑着绊倒了，嘴兜里的松籽儿就掉了，掉那儿就放那儿了。春天松籽儿发芽就长出小松树了。

诗赞：

任你山下多逞能，不如高山顶上松。
高瞻远瞩近日月，栉风沐雨亦英雄。

2023.5.29

梁志刚 摄

19. 黑里河镇八沟道村三道沟门榆树

此榆树生长在黑里河镇八沟道村三道沟门 35 号门前。古树编号：15042900146。纬度（WGS84）41.378428，经度（WGS84）118.469995。中文名：榆树，拉丁名：*Ulmus pumila* L。榆科，榆属。

胸围 360 厘米，树高约 18 米，主干直而且高，约高 4.5 米处分为东西并列两干，两干同粗同高，都在起高约 2.5 米后各多生分枝。两干中之东干上部向东弯，西干较高。树冠圆形。树皮条状，较光滑。长势良好，无干枯枝杈。树龄 310 年以上。古树等级二级。

走访 87 岁滕桂香老太太，她说：“二十几年前的事了，刘忠林和李宏玉上树够冬青，够两袋子冬青卖了，之后两个人都得癌症死了。后来也有人够过，也都没得好死。现在树上也没冬青了。”老人身体硬朗，精神状态很好，她说：“我年轻时去过大洞（她指的是东边过梁山后的长仙洞），去烧香来。那洞里边往旁边还有一个洞呢，往里边瞅瞅没敢进去。”赵连云女士在旁插话：“从这儿就看见

了，北山有老虎洞，就在那大石砬子下边，里头可大了，能着下200只羊。早时候，当贼的就在里头住。”她又补充说：“河北省那边有个人说，经常照到他家水缸里有一棵树的影子，他到处找，找到这儿来了，一看形状，惊喜地说：‘就是这棵！’。”这样的怪事都有。

诗赞：

古榆挺拔主干直，两杈并肩同容姿。
传说此树神通大，隔省犹能投影子。

2021.8.28

附带说明：距此榆不远，三道沟门村东边山顶还有3棵古油松，最顶上者最粗最高，估测树龄也都在230年以上。

20. 黑里河镇八沟道村碾子沟门蒙古栎

此株蒙古栎生长在黑里河镇八沟道村碾子沟门，隶属于黑里河国家级自然保护区。古树编号：15042900145。纬度（WGS84）41.35826，经度（WGS84）118.4569703。中文名：蒙古栎，拉丁名：*Quercus mongolica* Fisch. ex Turcz。壳斗科，栎属。古树等级二级。估测树龄 400 年。

此蒙古栎在约离地面 1 米处分杈，分为西南向和东北向两主干。分杈前树围 350 厘米，分杈后西南向主干胸围 215 厘米，东北向主干胸围 205 厘米。西南向主干 3 米高处始分枝杈，分生许多枝杈后主干向南歪斜，伸展之后顶枝铺展较圆；东北向主干向北弯斜，约高 3 米处后更弯，而后枝干增多，上伸。就在这 3 米内，中间东北侧干上生两大瘤，另侧北向却生一斜长细枝干。瘤上都有洞，似乎瘤是因断枝年久而生成。

此树出奇，树根也出奇。北侧一约 30 厘米粗根在地面以上伸出，约 1 米长后直弯伸入地下，直弯处顶部有一洞，说明此根内心已空。根上青苔

很厚。东侧从根部生出一细杈才约 10 厘米粗，但不到 1 米高断掉了，成了一木橛子，其下部周身长白色木耳。树之南侧根部整体外露，就像是一面树干斜伸入地。距地面 1 米高处树干上有一圆瘤。

此树树皮暗灰色，条状但显碎裂块状，裂深，显苍老之态。树高 12 米，平均冠幅 11 米，生长健旺。此蒙古栎生长在深山密林无人烟处，保护状况良好。

这株蒙古栎是这里蒙古栎原始森林的印记，对研究我国燕北山地植物演替具有十分重要的科学价值。

诗赞：

碾子沟门蒙古栎，八沟道村南往西。
树根拐弯再扎地，大树出奇根也奇。
树围粗处超三米，主干两枝有高低。
独居深山密林内，身虽孤独无人欺。

2022. 5. 17

21. 黑里河国家油松种子母树林基地古油松群落

宁城县黑里河国家级自然保护区内的天然油松林，不但连片面积大，而且长势良好，遗传品质优良，所以，已被评为全国油松优良林分，定为国家油松种子基因库。 在黑里河国家级自然保护区核心区内主要分布着面积最大的两片古油松群落，一片为八沟道二道岔 220 多亩，一片为八沟道三道岔 150 多亩。北纬 41°22′，东经 118°27′。中文名：油松，拉丁名：*Pinus tabuliformis* Carrière。松科，松属。

仅以二道岔为例，基地处为深山密林，没居住人家，自然生态完整，林相结构复杂，加之土壤为黑褐土，林下天然更新状况良好，近于原生林群落类型，

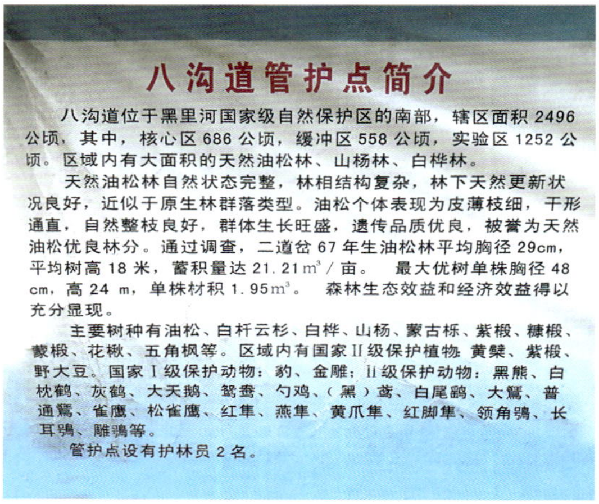

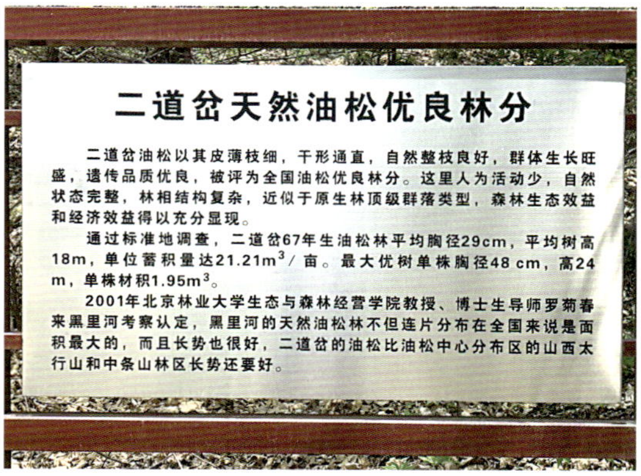

所以油松群体长势特别好，干形高大笔直，苍劲挺拔，直插云天。平均树高20米，最高的可达30米，且皮薄枝细，木质坚硬。量其最粗者胸围190厘米。真是用“古树参天”一词才可确切形容这里粗直高大的油松群。据统计仅二道岔这片林胸围至少在120厘米以上、树高至少在20米以上、树龄100年以上的油松古树就有300余棵。“古松白云常自在，金风玉露动林情。”

2001年北京林业大学生态与森林经营学院教授、博士生导师罗菊春来黑里河考察，曾经认定：“黑里河的天然油松林不但连片分布在全国来说是面积最大的，而且长势也很好。二道岔的油松比油松中心分布区的山西太行山和中条山

林区的长势还要好。”这就是权威林业专家的高度评价。

黑里河八沟道天然油松古树群落是目前全国仅存的面积最大的两片天然油松原始森林，十分珍贵。这里是我国油松优良种源基地，担负着全国繁育优质油松子代的重要使命。这里被专家定位为“具有国际意义的陆地生物多样性的关键地区”。

碾子沟门立着“黑里河林场国家油松良种基地母树林”牌子处之南沟岔即三道岔，与大坝沟油松良种基地一样还遍布着大面积天然次生林和部分人工林。

黑里河国家油松种子母树林基地为优质油松的大面积繁育，为国家的林业发展做着重大特殊贡献。这部分异常宝贵的林业资源必须严格加以保护。

诗赞：

油松良种母树林，国家保护为稀珍。
面积首屈四百亩，树高占魁十丈身。
木材可作顶梁柱，种子繁育优代根。
天然油松八沟道，二道岔片最称心。

2022. 5.17

22. 黑里河镇八沟道村姜家店辛永军家院外旱柳

此柳树生长在黑里河镇八沟道村姜家店辛永军家院外公路边。北纬 41°21′,东经 118°29′。中文名:旱柳,拉丁名:*Salix matsudana* Koidz。杨柳科,柳属。古树等级二级。估测树龄 300 年。

此柳树挺老,树心全空,都只剩一层皮了,且长得太奇特了,由根部就已劈裂,且西南面敞开空心。主干从根部就已向东北歪弯且拧劲儿,主干高不过 2 米。根部多瘤,树根裸露且像多条爬虫一样伸出很远。残干扭向东北的半部分弯得最低,人需猫腰从下钻过,大干压在墙上,伸向墙内部分已被齐墙截去;其底下大杈在墙外就被截去。残干扭向西的半部分稍高,向西扭去的大干较长,几乎平伸,主枝略向南,一向西北之杈也已被临墙截断。根部因扭曲而成扁圆状,量其地围 430 厘米,树高 6 米,平均冠幅 7 米。此柳生长畸形,树不高,而树之形态极显老朽。但主干上却长出茂枝,各顶部枝干也枝叶茂盛。

这家女主人说："这棵树已300多年了！"

辛永军说："有一年下'树挂'把大树杈压断了，树干也压弯了。年长日久雨水冲走了土，树根露出来了。"

诗赞：

路边古柳生得奇，心空就剩一层皮。
根如爬虫屈伸远，干似劈裂扭向西。
东半北扭压墙上，西半西扭伸枝低。
墙内齐墙已截去，树下敲子好弈棋。

这幅照片我拍摄于 2003 年 7 月 5 日,这是此柳树 20 多年前的形状。生长于主人家大门前左侧墙根。主干从根部就已心空朽腐,仅剩半面外皮,且主干歪斜向院压于墙上。上枝全由侧面和背面长出,反向向上长高成树头之形。此树表现出明显顽强的生命力。

当时我曾为之题照:

弯干歪脖树半空,院门隐于柳荫中。
悬根入地留空洞,曲干破腹成弯弓。
高枝浓绿反身起,水脉只从表皮供。
自戕被伤或虫蛀?丑面迎人也从容。

辛永军拿过照片端详着说:"这正是我家这棵柳树。我听我父亲(父亲辛义合,90 岁)说,日本鬼子'集家并户'时(应在 1942 年)把房子都给扒了,村里人都搬到三道沟门去了。地在这儿,每年春天回来种地。当年树挺粗的。有一次,晌午在这树下做饭，失火把树烧了，烧得就剩一个树杈，后来就长成这样了。现在看树根还能看得出痕迹来。”

世事沧桑，此柳及柳之主人家仅 20 余年就已变化如此之大。

2023.5.29

梁志刚 摄

梁志刚 摄

23. 黑里河镇八沟道村南沟门南梁上油松

黑里河镇八沟道村南沟门是八沟道村最南边的一个居民点。此株油松生长在从居民点南沟进山至南山近梁顶处，深山密林中，古松独一株。距居民点约 2 公里。北纬 41°21′，东经 118°29′。中文名：油松，拉丁名：*Pinus tabuliformis* Carrière。松科，松属。

进沟上山之路，一路风景悦目。目力所及尽皆翠绿，满山森林层密，不见一点露土之地，山上桦树最多，掺杂柞椴山杨，杨桦都细高直秀，高 20 余米。风起过树林涛阵阵，目视难远凉意习习。这山林里，即使外边天气气温 40℃，估计这里也应该不足 20℃。上山实难。快要到梁顶了，于杨桦密林中才能见到此株松树。如果冬天，可能会能从更远处见到它。

此松胸围 225 厘米，根部粗 260 厘米，树高 18 米。主干直，一通到顶。主干起高 7 米始有两粗杈，以下靠西侧有三五个细枝。两粗杈分生东西两边，但两杈皆不平伸，而是都平着主干向上拢。因有此两杈后，主干稍变细仍向上直伸，四周生出许多分枝，树冠圆，树形美。两粗杈以下之细枝杈都已枯死。这么高大的松树还是被周围更高的桦杨遮盖着。树皮片大整齐，皮厚 2~3 厘米。青松挺且直，深山藏雄姿。

估测树龄 550 年。古树等级一级。

下山时见松树附近有好几处野猪在此打盘窝睡觉时碾压的坑窝窝。由于是原始林，见林中许多大桦树因木已朽，断倒在地。林中野草野花很多。

从松树处过梁，梁南就是河北省平泉市柳溪乡大窝铺村。

诗赞：

深山密林中，梁上隐古松。
树粗树干直，健壮无中空。
埋名英雄汉，魅力彰无穷。
藏身躲浩劫，春秋五百龄。

2023.8.29

24. 黑里河镇朝阳沟村北梁公路道北暴马丁香

此株暴马丁香生长于黑里河镇朝阳沟村北梁公路道北,“中国塞北第一漂”标语牌对着的路北山根儿处。古树编号:15042900155。纬度(WGS84)41.407195,经度(WGS84)118.484758。中文名:暴马丁香,拉丁名:*Syringa reticulata*(Blurme)Hara subsp.*amurensis*(Ruprecht)P.S.Green & M.C.Chang[*S.reticulata*(Blume)Hara var.*manclshurica*(Mmaxim.)Hara]。木犀科,丁香属。

胸围160厘米,树高12米,树冠不大。根生于大石旁,有一根出露南伸。树干不太直,越往上弯儿越大。树干高约5米处始生枝杈,顶部突然变细,树皮条状,东侧树干上有鸟啄之洞。估测树龄230年。古树等级三级。属宁城县最古老的一株野生暴马丁香。此株暴马丁香由于树籽儿落地生苗之故,其附近生有许

多暴马丁香小树。

暴马丁香也算本地稀有树种。单叶卵形，6月开花，大型密集的圆锥花序顶生，花白色，花小花穗大，浓香四溢，是用来绿化美化环境的优良树种。另外，暴马丁香也被佛门视为菩提树。

诗赞：

暴马丁香一古株，稀缺树种质特殊。
生迟长慢耐贫瘠，花开浓香溢远途。

2022.6.19

25. 黑里河镇乌梁苏村丛家营子丛日礼家门前旱柳

此柳树生长在黑里河镇乌梁苏村丛家营子一组6号丛日礼家门前公路南。古树编号：15042900170。纬度（WGS84）41.408692，经度（WGS84）118.564736。中文名：旱柳，拉丁名：*Salix matsudana* Koidz。杨柳科，柳属。

此柳长得古怪，根部呈扁圆形，生成两主干，是从约1.2米高处分开的，东面树干粗，起高4米后生成东西两大杈。西面树干西侧从根部裂开一拔儿1米多高劈缝，而且朝北有一根很粗的断干；再起高3米多朝西的树头也断掉了。树高约14米，胸围560厘米，树冠不算大，东面枝高杈多冠幅大。估测其树龄500年以上。古树等级一级。根部有矮墙围护。

据村里一老太太说，树头原来可大了，20多年前，一个大霹雷劈掉3个大杈

子，树头劈下去快一半了，就变成现在这样了。

现今修筑省道 505 线公路，为保护此古柳，路面只往北扩，都拆到了北边民房房根儿。

诗赞：

老柳枝头红灯亮，雷劈树干受重伤。
心空皮裂彰年久，五百多岁不夸张。

2021.8.27

26. 黑里河镇乌梁苏村兰家炉 71 号兰江林家门前古榆

此榆树生长在黑里河镇乌梁苏村兰家炉 71 号兰江林家门前路南。北纬 41°24′，东经 118°34′。中文名：榆树，拉丁名：*Ulmus pumila* L.。榆科，榆属。古树等级一级，估测树龄 800 年。

此树主干起高 1.5 米就向南分出一大干，此干高约 5 米处分杈，主杈向南弯，树头正朝向河南的最高山尖；在主杈下弯的地方向西南又生一杈向下垂，几近地面了，其前方即兰家祖坟。主干又起高至约 5 米处东向分生一粗杈，粗杈上断一杈（有断痕），此粗杈起高 3.5 米后分生出 3 个枝杈，底杈北弯，中杈断，最高杈又起高约 1.5 米后再分生 2 杈，最高了。主干又向上起高 1 米处分出一大杈向西，此大杈起高 7 米处树头断掉，断头处分生多枝。主干继续向上直伸，至顶分多枝杈，向各方向展开。

此榆树胸围 680 厘米，树高约 18 米，树冠大，冠形圆，平均冠幅 20 米，极显威武雄浑。树皮条状，很厚，树无空心，显健壮之势，生命力强，树无瘿瘤。

现场被采访者有兰江林（66 岁）、兰国金（69 岁）、兰国良（82 岁）。据兰江林

兰国学 提供

说，他们兰家的老家是山东莱州府即墨县，乾隆年间移民来的，已 12 辈，280 来年了。刚来时此地原有几棵大榆树，后来陆续都砍伐了，就剩这一棵。兰家后来有人开铁匠炉，所以此地就叫兰家炉了。此榆树不招豆虫不长冬青。林业部门的人来给估算此榆 780 年了，不知怎么算出来的。

兰家在用心保护此树，比如在矮花墙下留洞，好让雨水能流入树根，使树不缺水分。从来不让人折枝撅杈。

另外，兰国良还讲述：早先学校那院是庙院，叫“龙王庙”，是座大庙。院中有棵大松树，由于保护不当，前几年死了，伐了。

综观这棵榆树的各方面，它也是宁城县古榆中屈指可数的寿星了。

诗赞：

路边高榆势冲天，树前人家本姓兰。
胸围七米条皮厚，荫盖四方枝密严。
主干高处出东杈，向高再分向西弯。
主干继续再伸顶，顶上茂枝向各边。
南干分生一大杈，南杈正对南山尖。
树高六丈特雄壮，寿命已逾八百年。
家中有榆口碑甜，有榆有余有榆(余)钱。
古树就是招财宝，何况已余八百年。

2021.8.27

27. 小城子镇高桥村下局子榆树

此榆树生长在小城子镇高桥村下局子村头，在张吉发家门前道边。北纬 41°49′，东经 118°45′。中文名：榆树，拉丁名：*Ulmus pumila* L.。榆科，榆属。

榆树胸围 420 厘米，主干高 3.5 米，上分 7 杈，6 杈挺拔向上，仅东向一杈向东弯。树高 13 米，因每个枝干枝枝劲壮，形成硕大的圆形树冠，冠幅足有 20 米。此榆分杈多，又皆较均匀，看上去很秀丽。根不外露。北侧树干约 2.5 米高处有疤，色黑，有向外流水痕。主干分杈处更粗，树围有 500 厘米。此榆长势旺盛，可能其就靠河边，水脉浅，与吸水充足有关系。估测其树龄 400 年以上。古树等级二级。

采访村人孙秀珍（66 岁），她说："这棵榆树原是王家的，不知王老五、王老六

哥俩是谁的。东边山根有他们王家祖坟。王家要放这棵树，村人认为这棵老树长在村头，又挺威武的，留着它管着风水好，于是村中人花钱买下这棵树，才留到了现在。”她说她也是听老人讲的。

诗赞：

一榆生在深山沟，只嫌山外人口稠。
七杈争高成圆冠，四米胸围不显粗。
老树险遭王家放，村民买下留村头。
说是管着风水好，足已管了四百秋。

2021.8.18

28. 小城子镇高桥村老西沟两株油松

此两株油松生长于小城子镇革命老区高桥村老西沟西山坡上。北纬 41°48′,东经 118°46′。中文名:油松,拉丁名:*Pinus tabuliformis* Carrière。松科,松属。

两株松树一株生长在下,一株生长在上,相距约 10 米。下边的一株粗,胸围 230 厘米,主干高 4 米,上分同粗细又同高的两个杈,并肩上伸,树冠不大,树高约 15 米。上边的一株更细点,胸围 200 厘米,主干通伸到顶无分杈,树冠更小,树高约 14 米。估测树龄 200 年。古树等级三级。满坡整片松林,此两株古松藏于其中。

1944 年 3 月 29 日,抗日英雄高桥率领的三区队战士就是在此沟与日伪刘其(刘其昌)讨伐队打了一场遭遇战,高桥牺牲于梁西戚家大洼。另有 7 名战士

也牺牲于此次战斗中，后村民将他们合葬为“七烈士墓”。今已建“高桥七烈士陵园”。

诗赞：

西坡油松两兄弟，一生高处一生低。
满山松树皆晚辈，矬中大个无人欺。
革命贡献我蛮大，论资排辈也出奇。
王臣家为堡垒户，高桥带兵打游击。
遭遇战斗多惨烈，高桥牺牲在梁西。
捐躯同有七烈士，抗日英烈永安息。
百年松碑照肝胆，儿户村民犹忆及。
景区咫尺虽不远，此地游人不搭理。

2021.8.18

29. 小城子镇长皋村小梁子北山桑树

小城子镇长皋村小梁子(原属常胜村,2006 年常胜村并入长皋村)北山根至半山坡有 2 株桑树。北纬 41°49′,东经 118°52′。中文名:桑树,拉丁名:*Morus alba* L.。桑科,桑属。

此次调查巧遇村中张瑞云老先生,他领着去找老桑树,后又去看古椴,当了向导。

此山全是石质山。靠下边山根处一株桑树最大最古老,胸围 220 厘米,主干高 2 米,稍向西斜,上分两大杈。南向大杈高,粗 185 厘米;北向大杈矮,粗 170 厘米,又分生两杈,向西平伸。上部枝杈多弯曲生长。树高 10 米。树皮深灰色,浅裂,条纹细碎。估测树龄 500 年。古树等级一级。此桑树虽不及右北平镇大黑石村桑树洼那两株古桑粗,但古老沧桑之态不在其下。尤其此桑之生长条件更加艰难,全石质山,生长于石上,缺土缺水,自然生长极慢。

其生长条件之艰难,由此桑树其北 20 米坡顶之另一株桑树看得更明显:

这另株桑树棵小些，头部向北歪，树根裸露，树根完全扎入岩石中，根部无土，根有朽断。树干南部与从根部蘖生出来的细枝之间夹挟一石块。此株桑树根部粗 200 厘米，胸围 120 厘米，树高 5.5 米。它的海拔高度比山根处的那株约高 10 米。这么恶劣的条件能长到这么粗，实在不易。估测其树龄也有 300 年。古树等级二级。

最粗的老桑树结桑葚，是母桑；上边稍细的这株桑树不结桑

葚，是公桑。

桑树在金宪武家房后。金宪武家临公路，家中养育多种牡丹花。

诗赞：

石上生桑生长难，两桑上下一串连。
能耐瘠薄又耐旱，艰难生长在石山。
艰难方显坚韧性，冷眼落寞看人间。
千年清修远人迹，晚春开花早牡丹。

2023.3.20

30. 小城子镇长皋村小梁子两株旱柳

小城子镇长皋村小梁子有两株古旱柳。北山根一株就在那株古桑树西 40 米处。北纬 41°49′，东经 118°52′。中文名：旱柳，拉丁名 *Salix matsudana* Koidz。杨柳科，柳属。

此柳树主干高 1.9 米处分南北 2 个大杈，北杈北歪后再高伸，此杈粗。南杈斜着向南伸，此杈稍细。柳树胸围 300 厘米。树不露根，整树空心，树形奇特，处处病痕。树之主干是从根部就随两大杈扭着长的，分杈处烂心空空。分杈后北杈上又从西侧长出一细杈，算是旺枝，但其上也有鸟啄圆洞。北杈上表皮无好皮，全是泛白已朽之伤，兼有断杈，顶部已干枯。南杈除空心外还有劈裂处。此柳全树身无平整处，尽是疙瘩。树势已呈近枯死状。树高约 10 米。

估测树龄 300 年。古树等级二级。

从此柳树处再往西走不远即崖壁上有藏文岩画处。现已有人译出了岩画上藏文文意。

诗赞：

古桑往西走，还有一古柳。
一干分两杈，身往两下扭。
满身都是伤，树心早已朽。
争多活岁月，无人说嫌丑。

另一株旱柳生长于距此柳东约250米处河沟西沿。此柳主干通顶，高约6米，再往上只有些细枝，无树冠，就如锥形。树根部粗465厘米，胸围366厘米。树心已全空，树干腐朽已出大洞。如果不是有绿叶时来，而是冬天来，谁也不会认为它还是棵活树，老态龙钟，苍老枯朽，沧桑之感明显。它比前边说的那株粗66厘米，也显得更古老些。估测树龄350年。古树等级二级。

此柳出奇的是：在全空的树心里，从根部却长出一棵直径有十五六厘米粗的小树，小树直冲入顶，但老树已有大空洞的顶部却未见其树头出露，老树腹中也未见小树生长枝杈。真是腹中生、腹中长、腹中孕育。81岁的金宪武老先生说：“所以当地人叫它‘爷孙树’。”我认为叫“爷孙树”欠妥，不如叫“母子树”更好。

柳树周边至北山根皆杨树林。

诗赞：

无冠古柳锥形干，些许细枝活力现。
心空皮残形象惨，腹中孕子实罕见。
凛冽西风三百载，久无人顾杨为伴。
何人知尔是宝贝？年年柳棉空吹散。

2023.5.19

31. 小城子镇长皋村小梁子两株朴树与糖房沟朴树群

小城子镇长皋村小梁子的两株朴(pò)树古树就生长在古桑树东约 200 米处公路东农田边，距离那株锥形干古柳很近，在古柳南约 20 米处。这是两株小叶朴。北纬 41°49′，东经 118°53′。中文名：小叶朴，拉丁名：*Celtis bungeana* Blume。榆科，朴属。

朴树为落叶乔木，叶子卵形，小花淡黄色，果实圆形，黑色，有核。

此两株小叶朴一南一北生长在一起，北边的一株胸围 215 厘米，主干高 1.5 米处原分三杈，北侧杈已断掉，只剩二杈。树高 11 米。树心有腐朽之状，北侧树干下部有朽腐之疤洞。南边的一株胸

围 180 厘米，主干高 1.6 米处分成三杈。树高 10.5 米。主干下部树皮也有腐朽之痕，但比另株轻些。树枝上已结黄豆粒大小绿果。树叶油绿。由于朴树生长很慢，估测树龄均有 200 余年。古树等级三级。

不仅仅这两株朴树，东距此两株约 1 公里，下行到糖房沟岔路口有路牌处东边山根儿还有朴树群。

东山根儿集中并排着就 4 株大朴树，最粗的中间两株胸围都 130 厘米左右，最高的树高 12 米。上面山半坡还有两株矮而稍细的。这 4 株之北约 10 米处有 1 株。这 4 株之东约 10 米处也有 1 株，胸围也有 150 厘米。这 8 株朴树，估测下边这 6 株树龄都在 100 年以上。已形成一个小叶朴古树群落。因为此种树本身生长就慢，再加上生长在山石处缺土缺水，则长得更慢。

就在最东边那株朴树再东边的山根儿，都约距 10 米，还生长着两株老桑树，据老桑树之生长条件及其粗度看，估测它们树龄也都超过 100 年了。

偏僻山沟石山下，干河沟旁杨林中，竟然旺盛地生长着一处小叶朴古树群落，宁城稀有一处，还未被世人发现。也不奇怪，因为宁城县偏僻闭塞的山沟里珍稀宝贝树多了。

桑　树

有关树名的故事：

长皋村小梁子当地村民说，这种树叫"沙巴木"，木质极硬。它结的小果熟了是黑的，好吃，是甜的。就是冬天它的果在树枝上都不掉，叶干在树上也不掉。就在冬天你摘下干果来吃，嚼着稀脆，也有甜味。

也有年岁大的老人说，"沙巴木"是土名，它学名叫"枸子木"。查词典"枸子木"条："枸子木，落叶灌木，叶子卵形，花白色，果实球形，红色，供观赏。"

林业专家说，这种树不是枸子木，是"小叶朴"，也叫"黑弹树"。黑

弹树，可能指其结黑果说的。查词典“朴树”条：“朴树，落叶乔木，叶子卵形或长椭圆形，花小，淡黄色，果实圆形，黑色，有核，木材可制器具。”

老乡称其俗名叫“嘎嘣树”。果实成熟时果皮黑色，味甜。用牙一咬，“嘎嘣”一声，果核就碎了，所以叫“嘎嘣树”。这俗名生动形象，且有特点。

考证：关键在，本地此树为乔木，果实黑色，确为朴树。另据其卵形之叶形，可判断为小叶朴。

诗赞：

两株小叶朴，长在小梁子。
卵叶油亮绿，皮灰干不直。
朴树结黑果，黑果还可吃。
双株姐妹样，临路人少知。

为找古树群，停车问村人。
老汉东向指，山根杨树林。
林中异类显，婆娑不用寻。
两株老桑树，也与朴为邻。

2023.5.19

32. 小城子镇长皋村小梁子南梁半坡椴树

此株椴树生长在小城子镇长皋村小梁子南梁半坡处大片松树边。北纬41°49′，东经118°52′。中文名：椴树，拉丁名：*Tilia mongolica* Maxim。椴树科，椴树属。

此株椴树是小叶椴，也即蒙椴。宁城县黑里河国家级自然保护区椴树较多，但现存古树极少。而今在长皋村小梁子发现的这株古椴还真属稀有珍品。胸围180厘米。根部因东西两侧都有瘤状根，尤其东侧瘤巨大，显根部特粗，根部树围270厘米。根部周围蘖生着10余棵小树，高者3米，显示出旺盛的生命力。主干高2.7米后分生六杈，主干再起高3.5米后分成3大杈，不过此3大杈都已顶部

枯死，树高 13 米。主干分杈前的 3 米两道弯，稍东斜。树皮深灰色，竖纹条状匀整。上部树干有鸟啄洞。此处独椴一株，与绿油油的一片松林为邻。估测树龄 200 年。古树等级三级。

诗赞：

椴木家具质量好，成材椴树已很少。
不是巧遇知情者，本种古树实难找。
南梁古椴此一株，胸围两米量其表。
松伴人护长无忧，再活百年我敢保。

2023.3.20

33. 小城子镇长皋村糖房沟里油松

小城子镇长皋村糖房沟门居民点共计 56 户人家，141 口人，其中蒙古族 109 人（2018 年统计数），是个以蒙古族为主的村民小组。从有人家处往沟里约 1.5 公里北山根儿有一株油松。北纬 41°49′，东经 118°53′。中文名：油松，拉丁名：*Pinus tabuliformis* Carrière。松科，松属。

此松胸围 270 厘米，主干高约 5 米处北侧一粗杈伸出长约 10 米，成迎客松之势。主干再向上 1 米，西侧上杈伸出约 5 米。再向上约 1 米后则多分杈，各杈向上高起，形成圆形树冠。整棵树从下到上枝分多层，生长茂盛，顶无枯枝，郁郁葱葱，树形非常漂亮威武。树高 22 米。鱼鳞状松皮鳞片又大又厚。主干西南侧根部有 1 米长一块大疤伤，最深处凹进 15 厘米，似乎还有火烧痕。仔细查看，是另有大树干不知何故劈裂下去很久了，周围皮层都已长得向内包了。见下部劈裂下去之树干劈茬明显。此劈裂大疤伤再往上，树干上六七个大节疤，都是树杈断掉之留痕。

估测树龄600年。古树等级一级。

松下乃村民张宏起家坟茔地。在村中见到张宏起(67岁),他说:“松树下埋的祖宗、祖太爷、太爷三辈。再后辈的就埋到东边去了。”他还说:“有人说当时张家是跟着驸马府乌家过来的,祖宗是木匠。过来200来年了。”

诗赞:

蓝天白云下,高山流水间。
人迹罕至处,高松独傲然。
松枝多繁茂,树干直冲天。
不为迎远客,何怪长枝偏。

2023.3.22

34. 小城子镇长皋村糖房沟门榆树

小城子镇长皋村糖房沟门营子里路南有一株榆树，紧靠河边。北纬 41°49′，东经 118°53′。中文名：榆树，拉丁名：*Ulmus pumila* L.。榆科，榆属。

此榆树胸围 240 厘米，主干高 2 米处分为东、西两大杈。南侧主干分杈处可见中间还有一朽腐之短桩，短桩下树心有朽洞。东大杈根部生有东向枝杈，大杈东侧有劈裂，北侧有劈掉粗杈之疤痕，大杈再往上生杈处有粗疙瘩，杈上有鸟啄洞。西大杈较粗，大杈西侧有断杈。树皮条状，裂纹较均匀。树高 14 米，平均冠幅 15 米。估测树龄 240 年，古树等级三级。

榆树北约 8 米有座九神庙。

村民招瑞民（54 岁）、招瑞荣（51 岁）兄妹俩介绍：此榆自己会死会活，最灵验。30 年前，此榆南面、西面死了不少杈子，那年村中死了 4 个人。第二年，那些死杈子上又长新芽了。村东部居民有意外，东大杈上就有树枝蔫萎；村西部居民有意外，同样，就有西大杈上的树枝蔫萎。过后恢复常态。被人们称为警示树，人们敬奉如神。

这株榆树对着的道北人家房后，小黑山头下，原来就是有“陪嫁牡丹”的驸马府乌家的坟茔地，前边有亭子，还有守坟人住的房子，这儿的坟茔地叫“大亭”。下边还有一坟茔地，叫“小亭”。有人说这都是请出名的“风水先生”从喀喇沁旗旺业甸那边一步一步码（勘察）过来的风水宝地，所以驸马的后代才埋在这儿。

诗赞：

糖房沟门风水地，有株古榆真出奇。
自己会活又会死，预兆村人命凶吉。
锯个枯杈都应验，常叫犯者心膈忌。
虽然临近七爷府，却与乌家没关系。

2023.3.20

35. 小城子镇柳树营子村石砬子庙(普祥寺)门前文冠果古树群

小城子镇柳树营子村石砬子庙(普祥寺)门前有大小文冠果(土名王干戈)古树 10 株,其中粗的 7 株。古树编号:15042900009-15042900018。纬度(WGS84)(仅以第一棵代表)41.817589,经度(WGS84)(仅以第一棵代表)118.9663977。中文名:文冠果,拉丁名:*Xanthoceras sorbifolium* Bunge。无患子科,文冠果属。古树等级二级。估测树龄 375 年。

最粗的(从北数第 3 株)胸围 215 厘米,胸径约 65 厘米,树高约 8 米,树冠约 5 米。细而矮的 3 株,此 3 株虽然细而矮,但树龄是一样的,正所谓“襁褓包寿星——孩子虽小,岁数可到啦”。刮风刮得要倒的两株已做了假树桩支牢。这几株文冠果树中有两株是同根生两株,且都不细。文冠果树由普祥寺管理保护。

黄凌云为普祥寺前文冠果题诗

石砬子庙之名是由庙东有一壁很长的立陡的黑石砬子而得，也叫普祥寺，始建于清康熙初年，它比大城子法轮寺早建一百来年。最盛时寺内喇嘛达 90 多人。当年，大城子法轮寺的喇嘛必须到普祥寺来培训、考试，经普祥寺住持摩顶受戒，回寺才承认是合格喇嘛，否则不承认。本寺级别很高。1966 年时遭毁，现在所见的是近些年修复的。

寺庙门前的文冠果树，树龄应与寺庙建庙

同期，已 370 余年。建庙同期栽植文冠果树，目的是利用文冠果种子榨油点佛灯。文冠果是我国特有树种。文冠果树开花花序大，花朵密，粉瓣红心，粉白相间，花团锦簇，越开越变红，甚美，花期还长，可谓宁城一风景。

同时，树名为文冠，也吉祥。

诗赞：

普祥寺前柳林川，
十株古树名文冠。
树名可保登金榜，
专等秀才来拜参。

2021.8.18

36. 小城子镇柳树营子村石砬子庙9号院内文冠果

柳树营子村石砬子庙西隔一家武宝兴家院内也有一株文冠果古树，古树编号：15042900021。纬度（WGS84）41.818288，经度（WGS84）118.9659327。中文名：文冠果，拉丁名：*Xanthoceras sorbifolium* Bunge。无患子科，文冠果属。古树等级二级。估测树龄375年。

据武宝兴介绍：此株树是武氏先人在石砬子庙前栽植文冠果树时拿回一株栽到自家院里的，因此此树与庙门前的文冠果树同龄。观此树之树形、树高及胸围等条件，应该认可此说。

诗赞：

同为文冠果，又是同时栽。
庙上点佛灯，咱自看花开。

2021.8.18

37. 小城子镇柳树营子村石砬子庙(普祥寺)东侧元宝枫

此株元宝枫生长在小城子镇柳树营子村石砬子庙(普祥寺)东侧小山坡上。北纬 41°81′,东经 118°96′。中文名:元宝枫,拉丁名:*Acer truncatum* Bunge。槭树科,槭树属。

元宝枫土名色(shǎi)树。常被当地人称五角枫。沿庙东侧上山台阶上到约10 米处,元宝枫就在南侧路旁。树根处已做人工保护。此树胸围 290 厘米,主干在高约两米处西南侧大干断掉,断痕处显出树已空心,所剩北侧大干则往北倾斜。再往上,北侧又有一枝干断痕,看其疤痕,枝干稍细。树干北侧约 2.5 米高处有瘤,瘤上部约 30 厘米有一断枝处被树皮包起来形成的疤瘤。此树树干向上形成三道弯儿,向北斜伸一枝,有弯儿主干又分生上下三杈。整棵树枝杈茂蓬,平均冠幅 8 米左右。树皮条状沟深,尤其西南侧大断干部位皮更厚,沟裂更深。

此树要比五化镇马营子那棵粗许多，树高12米,估测树龄250年。古树等级三级。

诗赞：

普祥寺前长文冠，元宝枫生寺东南。
文冠前生有因缘，枫树秋后绽红颜。
枫生三弯有断干，顶分三杈显壮年。
树旁上山石阶路，游人驻足细品观。

2022.5.14

38. 小城子镇柳树营子村石砬子庙(普祥寺)东侧桑树

此株桑树生长在小城子镇柳树营子村石砬子庙(普祥寺)院东侧,距上边那株元宝枫约 10 米远。北纬 41°81′,东经 118°96′。中文名:桑树,拉丁名:*Morus alba* L.。桑科,桑属。

树根处已做人工保护。桑树树根四面外露,还有根中嵌石者。主干直,胸围 210 厘米,树高 10 米。主干在高约 4 米处分成了 3 个主杈,生长茂盛,每年都结

许多桑葚。其根处还生长着一棵小文冠果。估测此桑树树龄也有 200 年。古树等级三级。

诗赞：

普祥寺旁也有桑，已成风景一桑王。
叶不饲蚕徒长落，葚可赐人摘来尝。
根皆四露受保护，干粗三杈枝张扬。
若喜出头多露面，可比深山老林强。

2022.5.14

39. 大城子镇张麻子沟村沙梁子油松古树群

大城子镇张麻子沟村沙梁子梁岗北坡有油松古树 44 棵，生长良好，可称得是一片天然油松古树群。北纬 41°48′，东经 118°44′。中文名：油松，拉丁名：*Pinus tabuliformis* Carrière。松科，松属。

沙梁子之名真是名副其实，周围群山之间皆为土、石，只有此处是个大沙包，松树集中生长于沙包之上。最低处最东边的一棵最粗，一株双杈，根部没分杈前树围 265 厘米。1.2 米高处分成两杈，两杈分别粗 165 厘米、150 厘米。树高约 7 米处两杈才分别又生枝杈。树高 22 米。所测量的最粗树之西南 10 米处的一棵值得一记：此树也是一株双杈，距地面 0.4 米处分成双杈，其北杈距地面 3 米处又生成双杈，根多裸露。测量树之西约 50 米处一棵也较粗，可作为独干松树之代表，胸围 135 厘米，树高 18 米，树干笔直。梁顶东侧有一棵也较粗，也是双杈，根部粗 245 厘米，高约 60 厘米处分杈，两杈分别粗 140 厘米、145 厘米，形似首测的那棵测量树。神奇的是，最东南 3 棵，即最靠近沙梁子村人家的，3 棵中最南的一棵，距地面 0.4 米处分成双杈，南杈距地面 3 米处又分成双杈。此树长得与首测的测

量树之西南 10 米处的那棵一模一样，只是两树距地面 3 米处再分杈的方位正好相反，前者是北杈再分杈，此者是南杈再分杈。

细数整个梁岗山坡共有古松 44 棵，而其中一株双杈的就有 10 棵。44 棵松

树粗的多细的少，直的多弯的少，最细的胸围 90 厘米。许多小松树也掺杂其中。因树长在沙包上，因有人取沙而挖露根者多棵，亟须禁止挖沙。树龄 200~250 年。古树等级三级。

沙梁子村之来历：

沙梁子村梁下为古驿道。据说如今居住在沙梁子村的蒙古族人最早是居住在沙梁子四组西 1 公里处的十字交会处，叫“十家”，有 10 户蒙古族人居住此地，是清代喀喇沁中旗王府派来驻守旗界的人。主要职责是看守旗界，兼具驿站功能。民国七年(1918)发大水，10 户人家房屋被冲，为避水患，陆续搬来此沙梁子居住。

锥子山即位于村西不远处。

诗赞：

沙包生来沙包长，天然古松遍山岗。
咋长都是君子样，根裸更多干成双。
旗界今仍为旗界，旗卒今不穿戎装。
驿路已成水泥路，十家搬迁到沙梁。

2022.7.3

40. 大城子镇朝阳湾子村下营子两株古榆

下营子 10 号院宁庆武家门口古榆，古树编号:15042900033。纬度(WGS84)41.731055,经度(WGS84)118.6500897。中文名:榆树,拉丁名:*Ulmus pumila* L.。榆科,榆属。

下营子道南古榆,古树编号:15042900034。纬度(WGS84)41.724551,经度(WGS84)118.6447157。中文名:榆树,拉丁名:*Ulmus pumila* L。榆科,榆属。

此两株古榆生长在大城子镇朝阳湾子村下营子,当地人称其“千年古榆公母树”。母树生长在下营子 10 号院宁庆武家门口,在道北;公树生长在母树西南约 200 米,道南。一公一母大有区别:母树主干不高,上分两干,苍老之态溢于鳞皮,满干满枝遍布大小树瘿。树皮奇厚,如鱼鳞。瘿瘤成堆,隆起老高。原先顶上有一断枝向东垂下牢牢地支在地上,现又有一东向枝折断耷拉下来垂地了。主干东面凸起之大瘤紧贴地皮,如孕妇临产之大腹,所以人称其为母树,大肚大得如同在树干上扣了一个大笸箩,让人惊奇。树虽十分苍老已有枯枝,但仍葱郁繁茂。胸围处因有巨瘤足足 620 厘米，细处胸围 410 厘米,树高 8 米。

西南不远约200米处道南之公树主干比母榆高，树高13米，主干比母榆略细，胸围380厘米。公榆主干上没有瘿瘤，没有鳞皮，树皮是长条状的且比较光滑。怪的是枝干比母榆的高大松散，有一高枝干枯无皮，枯枝上却长着光光溜溜的圆瘤。公树北侧露根数条。据说此处原有过一座大庙，后被拆除，现有一座小庙。据当地人传说和所掌握的历史资料考证，此两株古榆树龄应有千年。古树等级一级。

民间传说：

康熙三十一年（1692），康熙皇帝曾对即将出嫁喀喇沁右翼旗的和硕端静公主说过这样一段话：“那喀喇沁右翼旗，朕曾几次去过，那里山清水秀，冷暖适宜，牛羊遍野，五谷丰登。甭说别的，喀喇沁右翼旗那地方，树上长树，经冬犹绿。有一次在那儿狩猎……见几十棵古榆，都有几搂粗细。巨大的树尖上长满翠绿的小树，那小树丛丛团团，像一棵棵巨大的圆球，上面长着无数颗状似玛瑙的红色果实，在那寒光积雪之下，生机盎然，分外夺目……”

康熙三十一年，那时喀喇沁中旗（含今宁城县）尚未从喀喇沁右翼旗分建出来。康熙那次狩猎所到之处正包含今宁城县大城子镇玉皇梁、马架子、榆树林子、朝阳湾子、碾子沟一带。榆树林子，就是因这里当年古榆树最多而得名。当年古榆树上长的冬青已不见了，当年康熙皇帝所见的几十棵古榆如今也仅剩这两棵了。

关于这两棵古榆（尤其生长在宁庆武家门前那棵母榆），当地人传说的可玄乎了，说谁也不敢动它，谁要无故动它一个树杈，就出祸事，不是生病就是招灾。

现在宁庆武家门前榆树在树下已垒上花墙保护。

诗赞：

康熙狩猎就曾见，
古榆冬青本一片。
如今仅存只两棵，
一公一母相为伴。
母树鳞皮厚而短，
公树条皮长且绽。
母树威猛积瘿大，
公树高张枝瘤现。
当年冬青占满枝，
今日一星都不见。
古榆千年有事证，
榆树林村在树畔。

2021.8.18

41. 大城子镇朝阳湾子村椺树梁蒙古栎

大城子镇朝阳湾子村椺树梁南坡有株蒙古栎。北纬 41°43′，东经 118°39′。中文名：蒙古栎，拉丁名：*Quercus mongolica Fisch.* ex Turcz.。壳斗科，栎属。

蒙古栎又称椺树、柞树、橡子树，本地土名又称桲椤轰子，叶可饲养柞蚕。蒙古栎是宁城地区地带性植物，历史上这里曾经有大面积的蒙古栎树森林。此株蒙古栎高不太高，粗不算粗，树高也就 9 米，胸围不过 190 厘米。主干之上分成 3 个分杈，而其东北向分杈已干枯。已干枯的东北向分杈枝干上从下到上并排着四五个啄木鸟啄成的做窝的洞。其余两分杈枝繁叶茂。

民间传说：

据当地老人讲，清朝乾隆时期，山东人逃荒来到此地落脚。刚来时，这里满山遍野都是椺树，是片片大森林。有了人烟后就伐树烧炭。一直到光绪年间，把树烧光了，才不烧炭了，就剩下这一棵椺树没砍。所以后来人们便将此村以树起名叫“椺树梁”了。

据此估算树龄该有 300 来年了。古树等级三级。

至今，椺树梁村附近仍有一处叫“烟子

窑”的村子,其村名就留有当年伐薪烧炭、制烟子的确切佐证。

此处附近还有一则关于地名的传说,也是关于蒙古栎的。

清代,康熙皇帝早期曾到喀喇沁右翼旗地界行围狩猎,就到过今宁城县大城子镇西部山区碾子沟、梾树梁、朝阳湾子、榆树林等村一带。时间正值冬天,行到一处,注意到山上有一种树,而且这种树特别多,树上的大叶子都干了,为橙黄色或土黄色,但不落叶。康熙皇帝便问当地百姓:“这是什么树?为什么不落叶?”当地百姓说:“橡子树,就是梾树。”康熙皇帝说:“它既然叶子干了都不落,那不如就叫‘干不落棵’吧。”今大城子镇榆树林村“干不落棵”村民组的地名就是这么来的,是皇上封的。

现在这个小村的村名被人改写成“干不落克”了。

诗赞:

梾树名栎又名柞,烧炭伐木剩此棵。
村名即以树名起,枝干依次鸟啄窝。

2017.8.21

42. 大城子镇鸡冠子山村六组野里皋沟门油松古树群

大城子镇政府驻地往西有两条长沟，一条是由上五家去马架子，经盘山道；一条是由上五家去鸡冠子山，经钓鱼台水库。由鸡冠子山村越往沟里沟越窄，尤其自北沟至野里皋沟门一段，中间经朝梁坝（今称阳坡），更是沟窄山高。阴坡森林密布，绿荫郁郁；北面阳坡巉岩嶙峋处较多，岩缝、山顶奇松遍布；沟底溪流绕山转，途中绿树掩映参差人家数庐。幽静的山谷中穿行着一条窄窄的水泥路。

尤其鸡冠子山村六组，原地名南天门，今称野里皋沟门。从野里皋沟门村往上，往西的沟叫野里皋，野里皋沟的阴坡叫面子山，再往上，面子山对面的山叫南天门。

野里皋沟门及附近生存着大面积油松古树群。北纬 41°42′，东经 118°42′。中文名：油松，拉丁名：*Pinus tabuliformis* Carrière。松科，松属。

这是天然次生林中生长着的天然油松，多分布于阴坡，尽都高大挺拔，生长茂盛。并不成群连片，而是都分散于高、下山坡丛林中。北面阳坡高山上也有，多生长于山顶，有的也生长于下半坡，虽不算粗，却长成婆娑逸伸，枝杈分层，或枝干虬曲，树斜枝飘等奇形者不少。

测量阴坡的一棵（不知其是否是最粗的），胸围 195 厘米，树高约 20 米，树干笔直，树冠很大。树龄至少有 200 多年，古树等级三级。此处之松不亚于沙梁子之松。问村中一老人，他说："（大松树）山

上阴坡多了，光一二百年以上的也多了。这沟中核桃树、椋树多，但没太粗的。”另一老人说：“更粗的多年前都放了。”

我曾去过鸡冠子山村杨树沟大西岔，到高山上去寻古庙古山寨遗址，见到过其处高山峰顶古松甚多。估测其处当与此处距离很近，也就是此处南天门在北边高山之南、彼处大西岔山顶在此处北边高山之北的关系，应属在同范围之位置。若将彼处也列为与此处一起同范围内的一处古松群落，则是天然油松古树群面积较大、古松较多的一处。

诗赞：

鸡冠山村南天门，也有油松古树群。
南坡散布四五里，北山生长岩石根。
沟底看山看两面，山坡找树路难寻。
幽静山沟流水响，满目森森少见人。

2022.7.3

43. 大城子镇呼和村得宝营子公路边旱柳

此柳树生长在大城子镇呼和村得宝营子公路边，公路拐弯处道北。北纬 41°43′，东经 118°49′。中文名：旱柳，拉丁名：*Salix matsudana* Koidz。杨柳科，柳属。

据其生长的特殊地点推测，应是阅尽人间春色、历经人间大事的，而今似乎已是一个被人遗忘的角色。

胸围处最粗，480 厘米，实际下部和上部都细，因是胸围处瘿瘤很大。树高约 10 米，越往上树头越小。树已完全空心，树干上多处有巨瘤和疤痕，上边枝干断掉。树干下部北侧有长条形大洞，可知树内已全空，东侧瘤大也有洞，整树树干、树皮全呈扭曲状。上部南杈断掉，残疤破碎。北杈高约 6 米处也断头，上部仅剩一细枝向上伸展。树上仅剩一些细枝条绽放着绿叶，此柳极显苍老，苟延残喘之状。

估测其树龄 250 年。古树等级三级。其下和周围无任何保护措施。

呼和村村委会驻地原为巴爷府。清朝同治三年（1864），喀喇沁中旗第五任札萨克德勒格尔出资为其叔叔巴拉苍建造的府邸，所以称“巴爷府”。喀喇沁中旗第四任札萨克玛哈巴拉在任执政 70 年，长子希立巴拉未能

接任，其长孙德勒格尔继任第五任札萨克。巴拉苍乃喀喇沁中旗第四任札萨克玛哈巴拉之次子。咸丰三年（1853）九月，巴拉苍因剿太平军建立军功，封四等台吉。朝廷允许巴爷府自设卫队。

巴爷府东边紧邻得宝营子，得宝营子东边近临钓鱼台水库。

诗赞：

非是自愿站路旁，我站路旁看沧桑。
巴府车轿身边过，巴爷卫队扛着枪。
上行山林藏流寇，下设衙署管民王。
心空体残尚苟延，近处新添一水塘[1]。

2022. 7.3

［注］：水塘，指钓鱼台水库。

44. 大城子镇上五家村敖包营子 10 号张志军家院内榆树

此榆树生长在大城子镇上五家村敖包营子 10 号张志军家院内东南角。古树编号：15042900032。纬度（WGS84）41.71224，经度（WGS84）118.878727。中文名：榆树，拉丁名：*Ulmus pumila* L.。榆科，榆属。古树等级一级。估测树龄 500 年。

树高 13.5 米，胸围 400 厘米，主干高 3 米处更粗。3.5~4 米处分生 4 干，南向干和北向干展伸很远。南向干的枝梢已挨地；北向干因伸展低，他家厢房只得盖平顶，此北向干几乎压在厢房顶上，且在离开主干不远处有一大瘿瘤，因此这条枝干就像一条巨龙一样，瘿瘤就是龙头，龙头向南。不仅如此，上部的其

赵月兰 摄

他枝干也都长得形似游龙。西向干伸向院里，枝梢也即将挨地。东向干断了，所以显得一面空，大树的主干及枝干显露俱全。在树下仔细向上看去，各干各枝形状各异，其虬曲弯伸之态似各种生灵形状。更有人说如有九龙飞升之状。此榆树不露根，树皮条状，特厚，足有5厘米厚，苍老之态明显，却又枝叶茂盛，树不空心，冬季雪后无叶之俏照显示出其无上之素美。

这家是蒙古族人家，女主人、张志军的爱人赵月兰说："县的、市的、自治区的很多人都来看过，看了后都对树赞不绝口，说'真是棵神树'"。赵月兰女士还说："这棵树已346年了。那年他们来给定的是343年，这又过了3年了。"我问："他们根据什么给定的树龄？那么精确？用仪器在树干上钻眼儿来吗？要看树龄得钻眼儿看年轮，那样会损坏树。"她说："没有，就那么估计的。还有人来要买整棵树，我说你们也拿不走啊！拿去也栽不活。他说：'这你们就不用管了，我自有办法。'我们贱贵不卖，这是老祖宗留下来的宝贝。"据我从树形、树粗和树皮的厚度看，他们实在是估测少了，树龄至少应在500年以上，可称为古榆了。只可惜的是，树上原来长满冬青，圆圆的一团一团的。冬天榆树落叶后仍是满树绿油油的，甚是显眼和好看。女主人说："长着冬青影响树生长，它吸收树的营养，都摘下去卖药材了。"

赵月兰女士说："关于此树传说可多了。谁也不敢动它的一枝一杈。你们没看见那东边断下来的大杈子那不还

都在墙根搁着呢吗？据老辈人说这棵古榆特别有灵气，不能动它的枝枝杈杈，如果动，树上会流血。”

诗赞：

古榆生在王府地，
可比王府早百年。
四杈形若九龙舞，
一树根植五龙[1]前。
目睹中旗兴盛迹，
疗疾治病保平安。
物古自然成宝贝，
蒙汉共谱和谐篇。

2021.8.18

①：五龙，指五龙山。

45. 大城子镇法轮寺院中五株油松

法轮寺位于大城子镇政府西侧，是宁城县最大的藏传佛教寺庙，是一座闻名遐迩的塞外古刹。

法轮寺始建于乾隆十年（1745），于嘉庆八年（1803）正式落成，是在辽代灵隆寺的废墟上兴建的。法轮寺院内有5株古油松。古树编号：15042900022-15042900026。纬度（WGS84）（仅以第一棵代表）41.710836，经度（WGS84）（仅以第一棵代表）118.8907547。中文名：油松，拉丁名：*Pinus tabuliformis* Carrière。松科，松属。古树等级三级。估测树龄270年。

从法轮寺东便门进寺，即见旃檀殿。一株古油松就生长在旃檀殿左侧、钟楼前。此油松胸围240厘米，树高12米，主干粗直挺拔，枝干飘逸潇洒，两向伸展如伞盖，黛绿参天，郁郁苍苍，旺盛茁壮，犹如威风凛凛的武士守护在佛殿旁。西边鼓楼前一株，树干高却向东南斜，树冠较圆，比东边钟楼前那株稍细，胸围220厘米。鼓楼后边墙根有两株，南大北小，树头都歪向墙外。法轮寺主殿前右侧一

株，比钟楼前的那株略细，胸围 230 厘米，主干直却略矮，上分两杈，树冠很大，此株属第二粗大者。唯此两株最粗大者树身被缠红布，枝上挂红布条。

诗赞：

自从法轮寺建成，就已身在寺里住。
见惯人间求佛景，亲历佛寺兴废故。
以为伴佛能修行，反被烟火扰又误。
满身被缠红布条，原本刚直却世俗。

2021.8.18

46. 三座店镇西沟村两间房河南古柳

此柳树生长在三座店镇西沟村两间房河边。古树编号:15042900031。纬度(WGS84)41.637285,经度(WGS84)118.7370422。中文名:旱柳,拉丁名:*Salix matsudana* Koidz。杨柳科,柳属。古树等级一级。估测树龄 800 年。

古柳胸围(东有大瘤处)8 米,稍下(南有大瘤处之上)7 米。4 人勉强合抱。主干上四周瘿瘤遍布,且瘿瘤巨大,奇形怪状。主干高约 3 米,上边分为东、东南、南、西、北向 5 大杈,伞状撑开,却高低长短不一。东向大杈下,树干上巨瘿直径有 1 米。大杈起高后相继分 3 杈:其向东南之杈最低且弯,伸长过道,在道南枝梢已弯曲下垂坠地;其向东之杈起高 1.5 米处有巨瘤,约 3 米处和再东歪长至 3.5 米处,不但有瘤且枝干有疤节;最顶之杈较细也东歪。东南向大杈起高 2 米处有大瘿瘤,而后弯曲过道落地。南向大杈一面,自根部至高约 2 米处上下紧挨

整株古柳给人以拙朴苍美之感

着两巨瘤，下者近地，形如孕妇临产之腹，上者状似怪兽巨头。南向大杈起高1.5米处向上分出的一杈又分为2枝，其东者南歪；其南者有一瘤离干伸出，长长凸鼓，其上又有圆形瘤，此瘤极像马、驼之头，头上之树枝又像其两耳。此枝干有鸟啄之洞，上边又分3个枝皆向南。西向大杈则起自西面巨瘤之上而侧伸，几乎平伸向西，上分3枝杈。北向大杈最粗，自主干就向北裂而斜伸。起高2米后即分为东北、北向上下4杈，向北分杈处有巨瘤，向北的下杈已要垂地，向东北的杈上边又分多杈，向上向南的杈约3米处又分3杈，为本树最高之树头。此柳树主干北侧分杈处有瘤，从有瘤处可窥见树心已空。但五杈各枝皆茁壮葱郁，树冠较大，荫盖逾亩。树高13米。

周围环境：此处乃两山夹沟之极偏僻山沟，人稀环境幽，适宜其生存也。树之南为东西向乡间便道，西接公路，道之东头距树100米仅有一户人家紧挨着河道；树之北侧亦为农田；树西约200米为通山里公路。树西侧有泉，距树2米有一井，井深1米即水。树周皆水，且泉水自溢，从树下流向东边之河。时已深秋枯水季，泉水尚丰沛如此。考此古柳，树龄约800年。其之所以如此长寿，因其正好生在泉眼之故，水乃万物生长之根本也！

民间传说：

此古柳被当地民众视为神树，说树中住着“长仙”。逢年过节就有人前来烧香祈求保佑平安，保佑风调雨顺。并在树上缠上红布条或红头绳。

另外，大金沟西沟这地方是块风水宝地。民间传说，就在大柳树东，沿河而下不远处陡壁悬崖的大石壁上曾有“有宝九缸十八窖，不在南道在北道”的字样，但今未得见。只见一处现代人写在石壁上的毛笔字迹，但非传说内容，这些

字今尚在。

如果不是风水宝地，喀喇沁中旗末代王爷汉罗扎布的坟也不会埋在这里，就在西边的小山梁上。至今这里也还有“王坟沟门”这一村名呢。

诗赞：

人们都说柳寿短，混沌初开你便生。
历经沧桑你长成，千年修得满身瘿。
根生泉旁得地利，枝过南道溢性灵。
山僻人稀环境野，自成奇古好姿容。

2021.9.18

47. 三座店镇苏家窝铺村张家北沟张志武家门口古榆

此榆生长在三座店镇苏家窝铺村张家北沟张志武家门口。古树编号：15042900030。纬度（WGS84）41.628316，经度（WGS84）118.783093。中文名：榆树，拉丁名：*Ulmus pumila* L.。榆科，榆属。古树等级一级。估测树龄1000年。

此榆树上钉着牌呢，上写：国家一级古树，编号：宁010，树龄680年。牌是2008年8月制，那么至今该是693年了。量其胸围，离地1米处（巨瘤之下）7.4米；从巨瘤处量8.8米。其主干在高1.5米处均分生四杈，向四方张开，如绽放的百合花。东干最粗，胸围370厘米，从根部就已死，从它正面看，就像从地里独立长出来的一棵粗大的干死树，高约10米，整棵树干无皮。最顶断头处尚存一小枝杈，折弯向下。北干胸围330厘米，起高3米处一短断杈地方生一枝向北，生一枝向上，向上之杈最高，分枝也多，其也有一断枝。西干最细，

胸围250厘米，其起高3.5米后始向下弯，弯向张志武家大门口的大杈已断，断处空干有洞，向上长的枝杈也多弯。南干胸围310厘米，起高1米处有个大瘤，长的非常像狮子头。长到高约4.5米处有一断杈痕疤，断杈很粗；再向上1米又一断杈痕疤，断杈稍细点。再向上约5米，头断，枝枯无皮，其枯干最高，断杈南侧长着一活枝。

此榆主干已空。在从东侧死干与北干、西干、南干中间分开之东西方向，从地表到分干的干心，从东至西连接着一条树皮另样发黑的分界树干，两边都有且上边连着，成一怪现状。

根据当地人的传说和将其与县内其他古榆比较，估测其树龄应在千年左右，待具体考证。

树周建有八角矮墙护之。

村民张志刚老人（70岁）口述：此树过去经常从树上往下掉长虫（蛇）。大概

40 多年前，一次从树上掉下一条黑长虫来，它紧紧地缠着一只山耗子(老鼠)，耗子有 1 斤沉，不算尾巴 1 尺多长，它把耗子缠死了。那是耗子上了树，被长虫逮住了。人们抓住长虫把耗子拽出来，给长虫往嘴上抹烟袋油子，一会儿长虫就药死了。烟袋油子最厉害，抽烟的人躺到草窝睡觉，长虫不敢到跟前去，它最怕烟袋油子。我问："你们敢抓长虫？"他说村里很多人都敢。这村曾有一个姓李的女子(后来搬走了)敢抓住长虫缠到腰上。此树被村人视为神树。

诗赞：

一株四干四向分，东干早枯势凌云。
北干向北枝有断，西干最细头探门。
南干有瘤如狮头，长势最高顶无存。
皮厚半尺纹深陷，足证树龄千余春。

2021.8.27

48. 三座店镇苏家窝铺村高家窝铺娘娘庙油松

三座店镇苏家窝铺村高家窝铺娘娘庙门前有 3 棵松树，有一棵最大者，其余两棵都较小。最大者在东，胸围 240 厘米，树高 16 米，从根部到 1 米高处树皮有缺而形成疤痕，树干高而直。树下有小土地庙和山神庙。其西有一棵松，较矮，也细，胸围 165 厘米，高 11 米，树干也直，顶部无主头而皆分枝。其南有一棵松，树干有弯，树根部有突出的疤节，树头歪斜，胸围 153 厘米，树高约 8 米。这两棵小的树龄也都有 150 多年，不记。

今只记此最大者。古树编号：15042900027。纬度（WGS84）41.617952，经度（WGS84）118.7938483。中文名：油松，拉丁名：*Pinus tabuliformis* Carrière。松科，松属。古树等级三级。真实树龄 232 年。

听在此干活的高桂春女士说，她父亲叫高金方，今年 73 岁，从小一直在庙上当杂役。她听她父亲说，这棵松树是建庙时栽的。见娘娘庙前立着的功德碑断碑上记载着“大清国乾隆五拾五年岁次庚戌初夏望日立”。乾隆五拾五年是公元 1790 年，那就说明松与庙同龄，此株油松真实树龄已 232 年。

民间传说：

泰山极顶有碧霞元君祠，供奉的是碧霞元君女神，即泰山娘娘，也称泰山圣母，是东岳大帝的女儿。

祖居山东登州的高家人常登泰山到碧霞元君祠进香。到清代乾隆年间，高家人逃荒到塞外蒙古王公地界喀喇沁中旗苏家窝铺落脚定居。后高家人便张罗在今高家窝铺修建了碧霞元君分祠，以寄托思乡之情。寺庙里大殿三间，正中塑碧霞元君（泰山娘娘），金脸金身。两边分塑眼光娘娘和子孙娘娘，白面彩衣。所以称娘娘庙。大殿对面小庙塑的是面朝娘娘殿的镇守山门的灵官，像张飞之貌，怒目圆睁，虬须满面，张着口，口中无牙、顶盔冠甲，左手叉腰，右手高举钢鞭。

当年，每逢农历四月十八庙会，十分红火。此乃道教之庙。

这座娘娘庙是1966年拆除，近期重建的，已不像从前原样。现连庙前加庙后已建成了供人们活动的文化广场。

高桂春曾听她父亲告诉过，连在此干活的两个年轻人也说：庙上原来有一口铜钟，铜钟铸得特别精美，钟上翅子向外张着，钟上铸着“苏家窝铺娘娘庙”。大铜钟一敲好几种声音，可好听了。

后来1966年拆庙，把大钟就拿到公社去了，挂到公社食堂门前，食堂一开

饭就敲它。再后来不知是谁把钟偷着拿走了，不知去向。前几年，有人说大钟被弄到沈阳去了，有人看见过，在沈阳博物馆呢。

诗赞：

因是有座娘娘庙，村里百姓准信神。
庙前古松沾神气，主尊仆贵得保存。

2022.5.2

49. 三座店镇小塘土沟村北梁上三株油松

三座店镇小塘土沟村北梁上有 3 株油松，在梁上非常显眼。北纬 41°38′，东经 118°50′。中文名：油松，拉丁名：*Pinus tabuliformis* Carrière。松科，松属。

下边一株油松胸围 220 厘米，西侧根部出露两条粗根，主干向东南斜伸，而上部又弯回。树平头，枝干飘逸下垂，向西南伸者粗，向西伸者下垂大，向北伸者稍细，有一枝干上有洞。树高 8 米，似有苍髯老翁之态。

距此树北约 20 米，坡上边有两株，一粗一细。东侧的一株粗，胸围 280 厘米，三面露粗根，主干高 4.5 米处分成两大枝干，都基本平伸，枝展很长，东干长 3 米后虬枝曲伸；北干长 2 米后分多枝，多枝下垂，树高 9 米，冠幅 17 米，南侧有断杈。北侧的一株细，胸围 180 厘米，主干高约 3.5 米处分出一北枝，再高约 1 米后分成三杈，粗杈最高，头部之杈歪向西北。树高 9 米。东侧粗树顶部有一北向枝干一直平伸，都伸入北侧细树树冠部去了。

此 3 株油松的树形都挺美，很有古松苍劲坚韧的气势。估测树龄 300 多年。古树等级二级。难怪进村问路时一老农告之："去看吧，老好看了！"其言不假。

"此松若生泰山上，定是秦王避雨松。"

两株松树北面有一小九神庙，松树南面有坟茔。

村中杨子军老人（67 岁）说："梁上原来都是松树，所以这梁叫松树梁。现在松树下是二队（即二组）老方家的坟茔地。这树有 270 多年了。

诗赞：

古代梁上松满坡，如今古松剩三棵。
三松形如三翁老，见证历史有长河。

2022.5.1

50. 三座店镇喇嘛城子村老爷庙前油松

此株油松生长在三座店镇喇嘛城子村老爷庙前。北纬 41°39′，东经 118°54′。中文名：油松，拉丁名：*Pinus tabuliformis* Carrière。松科，松属。真实树龄 280 年。古树等级三级。

树高 11 米，胸围 205 厘米，西侧树头高，东侧树枝渐低，主干挺直。喇嘛城子老爷庙，据庙中石碑记载：老爷庙乾隆四年（1739）四月四日开工修建，竣工于乾隆九年。树龄当与庙龄同，已 280 年。1966 年庙被毁。后由于此处建学校，此块石碑碑身埋一半于土中，碑上字被学生用砖磨平。松树下部树皮也被学生揭掉不少，因而树干生成残疤，但却侥幸没死，经自身修复性生长存活到现在，反又旺盛起来。褐色的老干，苍翠的绿叶，铁干虬枝，历经磨难与沧桑，真是生命力超强。

老爷庙后来由村民重修，这株古松也被保护了起来。

诗赞：

庙前存古松，松庙本同生；
松龄三百载，庙碑见乾隆。
皮残显苍老，枝干却茂蓬。
不言庙有验，松已神有灵。

2021.10.2

51. 存金沟乡程家营子村龙潭大北沟四株山荆子树

存金沟乡程家营子村龙潭大北沟王秋莲老太太家院内有 4 株山荆子树。北纬 41°36′,东经 118°29′。中文名:山荆子,拉丁名:*Malus baccata*(L.)Borkh。蔷薇科,苹果属。别名又称山丁子。

树在其家茅草房房后东北方,4 株东西向排列,大小不一。最西边最粗的一株胸围 210 厘米,根部包着大石,树高约 9 米,约 1 米高处最粗主干被截掉,旁边还长着另一主干。截掉的主干直径 45 厘米,旁边的另一主干树围 130 厘米,向南弯。西边第二株是 1 根分生 4 棵,胸围分别为 130 厘米、100 厘米、70 厘米,还有一棵从根部锯掉了。由于树棵多,所以根部露根多,排列很长,且根下包着大石块。西边第三株稍靠南点,胸围 150 厘米,树干较高,根部有瘤。西边第四株,也即最东边的一株,从根部就分生两棵,一根两干,根部分干前树围 180 厘米,分干后每干胸围 110 厘米,根分伸两边,根下有洞。最东边分生的两棵最矮,树高 7 米。因是果树,树干不直,向四外弯展生长,树皮灰白,株株茂盛。北方山荆子树虽多,少有如此高大古老者。据其家 80 多岁的王秋莲老太太说,她当年刚嫁过来时这 4 棵树差不多就这么粗,60 多年都没怎么长。由此估算,此山荆子

树树龄至少250多年了。古树等级三级。由于生长地为高山区，土质瘠薄，长期干旱，高寒风大，致其生长异常缓慢。

诗赞：

远对龙潭谷，近连湿地襟。
茅棚山梁下，山荆树为邻。
果小树却古，屋陋院自深。
柴扉迎远客，老妪开半门。

2016.9.25

变 迁

经历过“十个全覆盖”和“精准扶贫攻坚战”后，于 2022 年 5 月 2 日重游故地，是为了去看山荆子树开花、拍照。一路见龙潭村已面目全变，昔日的茅草房一间也没有了，彻底失去了古村落的原始风貌。山下平川立夏前后早已一片绿色，海棠花、梨花都已开过，心想龙潭大北沟的山荆子花也该开了。但到地方一看，山荆子树才冒芽还没长叶呢！遍观附近景致，一如冬天刚过，只见山上稀稀拉拉有几株山杏树才开花。来早了。由于这里海拔 1700 多米，山高季节晚，比下川能差 20 天节气。

山荆子树下人家，正房茅草房已拆，东厢房要坍塌的茅草房翻建成了粉红色的彩钢瓦房，西厢房石头墙北侧已坍塌。院内碎石成堆，院门已无，一片荒凉破败之景象。问其处邻居，说王秋莲老太太已搬走到下边去住。她儿子在这看门。

一晃 5 年，情景大变。路途遥远，不能白来一趟，再量量山荆子树吧，看又长多少？一量，基本没变。

诗赞：

变　迁

——山荆子树下人家

原为看花重登门，枝上还不曾见春。
棵棵身围重量过，未见长出半寸分。

房拆人迁院半空，空地荒坡剩山荆。
东厢茅草换彩瓦，古树残垣西北风。

2022.5.2

52. 存金沟乡程家营子村龙潭西三间房东路北蒙古栎

存金沟乡程家营子村龙潭西三间房东路北有棵蒙古栎，也叫柞树、梂树、橡子树。北纬 41°35′，东经 118°31′。中文名：蒙古栎，拉丁名：*Quercus mongolica* Fisch. ex Turcz。壳斗科，栎属。

树不高，仅 7 米余，通体黢黑，生于石砬子间。主干高约 2.5 米，中间向东生出 1 枝。上部分生三杈，各杈再生分枝。胸围 230 厘米，根部很粗，东部石包根中，西北部巨石压根，根又包石，东北部似根又似树干斜伸入地，西南部树干上和东部树干上生有大瘿瘤。估测树龄已 200 年。古树等级三级。

诗赞：

前有湿地后有山，
古栎长在路北边。
疙瘩溜球又黢黑，
虽不漂亮岁有年。

2022.5.2

53. 存金沟乡喇嘛沟门村喇嘛沟吉祥禅寺庙院油松

此松树生长在存金沟乡喇嘛沟门村喇嘛沟吉祥禅寺(新名)庙院内古庙殿前。古树编号:15042900049。纬度(WGS84)41.585257,经度(WGS84)118.752637。中文名:油松,拉丁名:*Pinus tabuliformis* Carrière。松科,松属。

这棵油松长得非常漂亮,主干又粗又直,树高15米,胸围200厘米,主干约在9米处才分生3个枝杈。主干通顶,分生的各层枝杈都较细却匀整,枝形如伞,树形美观,松皮光滑,鳞皮齐整,树干无疤无节无瘤,真是亭亭玉立,仪态端庄,苍劲挺拔。真实树龄290年。古树等级三级。

据现吉祥禅寺住持释无法师父说,听说在辽代时这儿就已建过庙,到清朝雍正年间,这座庙是在辽代庙宇遗址上重建的,算来此庙已290多年了,松树是建庙时栽的。当年建庙时木料、石料等一切物资都是用骆驼驮来的。那时这里根本没有人家。庙是一九六几年坍塌的,没再修,残墙残房仍存。

释无法师父现居住在破庙西边盖的简易西厢房内。院内东、南两面无院墙,院中间还摆放着一座铁通天塔式香炉。此庙过去就叫喇嘛庙。

民间传说：

此庙址所处小沟不大，此处已是沟脑，基本四面环山。

释无法师父说："这是块风水宝地，最适宜建庙，人住这里，心清无念，超凡脱尘，要不怎么说是宝地呢。顺治皇帝都来过。"

"你看北面这山，多像一尊坐着的弥勒佛，只是头小点，像低着头似的。上面没栽树，要栽上树，树长起来头就抬起来了。北边还有比这更高的山。你看左右两边的山，都往前围拢，左青龙右白虎，左边山比右边的高，白虎不能压青龙。更出奇的是：一下大雨发水，西边这条河里冲下来的是黄沙，东边这条河里冲下来的是白沙，这两条河就是两条龙，一条黄龙一条白龙，流到庙前这儿就合流了，成了一条河，这叫双龙合抱。据说下边山口到晚上就两山合抱，早晨再开。如果早晨不开，这里就水淹山门了……"

我私下心想：北面这山确有点像坐着的弥勒佛。幸亏山顶没栽树，才是秃头弥勒佛，如果栽上并长起树来，那头顶就有头发了，就不是秃头弥勒佛了。

诗赞：

喇嘛沟村喇嘛庙，佛教寺庙名久传。
美松傲立尊严显，残庙实证三百年。
辽寺遗址清重建，坐佛是山庙在前。
古松不会诉原委，何故又名吉祥禅？

2022.5.2

54. 存金沟乡草沟门村蒙古栎

此株蒙古栎生长在存金沟乡草沟门村皮景祥、皮景发两家房后山半坡上。古树编号:15042900043。纬度(WGS84)41.674148,经度(WGS84)118.5771682。中文名:蒙古栎,拉丁名:*Quercus mongolica* Fisch. ex Turcz。壳斗科,栎属。

蒙古栎,又名柞树、槲树、橡子树,土名桲椤轰子。本树主干高约2米,在分干处鼓出两大瘿瘤,上分3枝又分5杈,树冠之形较圆。主干胸围340厘米,很粗。上面枝干有两个枝干上有五六个啄木鸟、戴胜之类鸟啄的圆洞。此株蒙古栎比右北平镇温杖子半山坡上的那株还粗还高,更古老得多,估测树龄400年以上。古树等级二级。今仍枝繁叶茂,生机盎然。

村中89岁的姚风忠老人说:"我刚记事时听商俊卿(当年80多岁)说,那时这树就那么大了,这树有千年了。安食堂时(应在1960年)做饭没柴火烧,队长于金秀让社员去镩橡子树树杈子烧,第11区下乡干部李华知道了,他把队长好个撸(批评),骂他:'胡闹!那是古树了,谁也不许动。'现在我也不让别人撅树杈子。原来这一溜3棵来,1951年原供销社房后的两棵伐掉了。"

有张氏后人说是其先祖从山东来此定居时所栽。此语差矣,本地适宜生长此树,其先祖从山东过来定居至今不到300年。

此外，草沟门村商家窝铺南山山顶还有 4 株大松树，右边一株已被雷劈死了，其余 3 株在山林中如鹤立鸡群，出类拔萃，很显眼。

诗赞：

草沟门村美景窝，古柞生于半山坡。
千年生长有人护，葱郁结实橡子多。
瘠土劣境浑不怕，干旱风魔照样活。
即如塞外土性汉，吃苦也要止干戈。

2021.6.17

55. 存金沟乡草沟门村原草沟门中心校院内四株油松

存金沟乡原草沟门中心校建于原讲堂庙旧址院内，至今仍留存有前后两座庙殿与前后两栋教室旧房混杂一院的遗迹，庙殿都已破败不堪，教室还都完好。4株油松就生长在这存金沟乡草沟门村旧讲堂庙院内。一株长在五间后庙殿前左侧，两株长在后庙殿前，另一株长在三间前庙殿左后方。

古树编号：15042900039-15042900042。纬度（WGS84）（仅以第一棵代表）41.673765，经度（WGS84）（仅以第一棵代表）118.57428。中文名：油松，拉丁名：

Pinus tabuliformis Carrière。松科，松属。

4 株油松的共同特点是主干都长得高而挺拔，最顶部树冠形皆如伞。后庙殿前的两株，右边的一株最粗，胸围 188 厘米，树高 13 米；左边的一株树头略向东歪，树冠大。后庙殿左侧的一株最细，胸围 170 厘米。前庙殿左后方的一株树干最直，树冠如张开的巨伞，最好看。4 株松树树龄当与庙龄同，都已近 250 年。古树等级三级。看上去都似历尽沧桑之状。

诗赞：

讲堂庙院四株松，结伴陪佛也从容。
松庙已逾二百载，松影引人忆无穷。
讲堂教人行善事，学校育童望成龙。
庙废校迁非昔比，唯有古松夜听风。

2021.6.17

56. 存金沟乡六支沟村黎家营子李文龙家门前油松

此株油松生长在存金沟乡六支沟村黎家营子李文龙家门前道南边。古树编号:15042900038。纬度(WGS84)41.630928,经度(WGS84)118.5910165。中文名:油松,拉丁名:*Pinus tabuliformis* Carrière。松科,松属。

孤松一棵,体形可观。古树等级一级。树高15米多,胸围300厘米,主干粗基本两人合围,主干笔直高耸,松枝飘逸,多向西伸展,松皮特别厚且鳞片大。

据当地老人说,此松为此地原有大庙之遗存,已有520多年了。大庙是1966年拆除的。

民间传说:

庙中小和尚才十三四岁。家中很穷,哥仨他最小,从小就惜生,连一个小虫也不敢弄死。父亲看他似有慧根,便送来了庙里。庙里老和尚很喜爱他。他还有

4个师兄。自来庙里便让他学着做饭，他也很勤快，从不浪费粮食。

这一天乃八月十五中秋节，师父领师兄们到山里去砍柴，让他往米里放些芸豆、大枣、花生等做顿八宝粥。他就把锅支在松树下熬粥，不想从松树上掉下一条小黑蛇，不偏不倚正巧掉进锅里，小和尚也没看见，盖上锅盖就去抱柴火了……

天要黑了，师父和师兄快该回来了，小和尚也觉粥该熟了，掀开锅盖发现粥里怎么有个黑东西，仔细一看，粥里趴着一条小黑蛇，他吓坏了，怎么办？把粥倒掉再重做？有米没豆了，也来不及了！就将这粥给师父吃？绝对不行，师父肯定怪罪，另外会不会有危险？师兄们也不敢吃。越想越怕。

为难加害怕之时他忽然灵机一动想出了一个办法，将带蛇的粥盛到一个盆里藏了起来，马上往锅里放水放米熬了一些稀饭。等师父和师兄们回来，他端上来稀饭，把施主们施舍来的月饼和供品点心端上来，说："师父，你让我做八宝粥，后来我一想，今天是中秋节，咱们就别吃八宝粥了，咱们也吃月饼庆中秋吧，所以我就没听你的话，师父你不责怪我吧？"事已至此，师父还能说什么呢？师兄们也乐得庆中秋吃月饼，大家都高兴。

事情就这么遮掩过去了。可是那一大盆粥可怎么办哪？又不能倒掉，那糟蹋粮食有罪呀！于是每天别人吃饭时他不吃，只说你们吃完我再吃。别人吃完饭后他偷偷吃那粥，那粥里的蛇都已煮成肉泥了。

过了六七天，有一位师兄突然怀疑：这位小师弟做完饭每天别人吃饭时他都不吃，自己背后去吃什么东西？他于是偷偷侦查，发现师弟每天偷着吃的是藏在伙房的一个盆里的豆粥，便去告诉了师父："原来师弟每天偷吃小灶。"师父叫来小和尚盘问，小和尚知道也瞒不住了，于是一五一十地说出了实情。师父问："粥里有蛇你也敢吃？"他说："不吃，是糟蹋粮食。开始的一两顿我也怕，吃着还觉恶心，后来一看没事也就不怕了。"师父感动地问："还有多少？还得吃几天？"小和尚说："没多少了，就还剩一点点底儿了，再一天就能吃完了。"师父说："也别你一个人吃了，今天拿出来大伙儿一起吃了吧。"于是，这天大家共同吃了顿有蛇肉的八宝粥。师兄们，包括师父在内，从此在心里都暗暗敬重起了这个小和尚。

后来师父无意间问："徒弟，你吃了 7 天蛇肉粥，感觉怎样？突然开荤胃里舒服吗？"小和尚回答："倒没什么，现在只觉得走路总要往上飘。"

实际上，那不是一条黑蛇，那只是一粒仙丹幻化成的，是一位神仙来试探小和尚到底有没有佛缘。小和尚越来越觉得身轻如燕，佛法顿悟，后来就离开了这座大庙，不知去向了。师父和 4 位师兄因为吃了一顿有仙丹的粥，后来都成了长寿百岁的比丘僧。

诗赞：

庙成当年松沾光，得人崇拜得闻香。
明时神佛降临地，清代百姓续信狂。
日本侵来修人圈，人民反抗大遭殃。
如今山沟人幸福，孤松无伴显凄凉。

2021.6.17

57. 存金沟乡芦家店村三爷庙庙院遗址内三株油松

此3株油松生长在存金沟乡芦家店村营子东边三爷庙遗址内。古树编号：15042900035-15042900037。纬度（WGS84）（仅以第一棵代表）41.609942，经度（WGS84）（仅以第一棵代表）118.6971533。中文名：油松，拉丁名：*Pinus tabuliformis* Carrière。松科，松属。古树等级二级。

胸围分别为202厘米、198厘米、145厘米，树龄约410年。山门处一株最高大；中间一株有枝干被截，树形单细；最后边一株最小，根部双面有斧斫痕。

见庙遗址可知庙原来很大。据现存残垣断壁范围及3株古松生长位置足可见山门外台阶很高，庙内殿宇也是层层向上依山势而建。看此庙址地势：东北有高山环抱为靠，西南有河水为照，对面河南有一山峰突出，高而且尖，正对着庙门，西南面群山一排正为屏障，观此地风水地形，与小城子镇长皋七爷府非常相似。

据村中老人讲，此庙叫三爷庙。清初时搬来乌梁海氏乌氏家族哥仨，大爷落户于今大爷府处，叫乌常选；二爷落户于今二爷府处，叫乌子明；三爷出家当了喇嘛。是三爷建的这座庙，所以叫“三爷庙”。寺

庙规模这么大，定非一年半载、资金缺少所能建成。乌氏家族在清朝是贵族，或者是自家捐巨资，或者有朝廷专拨建筑寺庙款项，如果只靠化缘恐难建成。此哥仨来历不一般，据说是喀喇沁王府的近支，而且他们辈分还挺高呢，但今已无从查起。

58. 存金沟乡芦家店村三爷庙庙院遗址内国槐

芦家店村三爷庙庙院遗址内不仅3株古松与寺庙同龄，同龄的还有庙东北角处一丛国槐。中文名：国槐，拉丁名：*Styphnolobium japonicum*（L.）Schott。豆科，槐属。估测树龄410年。古树等级二级。

一根生9棵，棵棵都很粗了。此国槐看根部情状，可能是原只栽一棵，已伐或已死，而从根部又重生出一丛小树，年久长成如许大树，不得而知。今9棵丛生，本固枝荣，棵棵枝繁叶茂，玉立亭亭。树高十三四米不等，粗细也不同，最粗者胸径40厘米。可以说这是宁城地区最早引进栽植的第一株国槐。

诗赞：

古庙遗址芦家店，南临长河北靠山。
庙宇宏伟清代建，三爷来历不一般。
地形酷似长皋地，家世应由王府迁。
三松擎天存遗迹，一槐生地九株连。

2021.6.17

59. 八里罕镇北场子村彭家窝铺北山顶油松

此株油松生长于八里罕镇北场子村彭家窝铺北山山顶，山顶最高处，有松独一株。古树编号：15042900059。纬度（WGS84）41.558015，经度（WGS84）118.5531077。中文名：油松，拉丁名：*Pinus tabuliformis* Carrière。松科，松属。

树虽生山顶贫瘠之处，却长得葳蕤有派，粗壮的主干上层生着伸展飘逸的长长垂枝，顶部圆平，松针苍翠，孤傲地伫立于高高山顶，显得十分威武。树高8米，胸围250厘米，向山坡斜伸披展形树冠，平均冠幅15米。树龄约510余年。古树等级一级。

此株油松在军用地图上曾被标注为航空标志。

（2004.7.4 摄）

诗赞：

独生山顶不孤单，潜心修炼五百年。
战机飞过认标记，百姓护我躲硝烟。

2021.6.20

60. 八里罕镇南场子村小冰沟铁矿区山顶千年白杄云杉

此株白杄云杉生长于八里罕镇南场子村小冰沟铁矿区山顶密林中。古树编号:15042900058。纬度(WGS84)41.529086,经度(WGS84)118.5452703。中文名:白杄,拉丁名:*Picea meyeri Rehd.et* Wils。松科,云杉属。古树等级一级,估测树龄1000年。

此云杉生长在就像冰石河似的(没那么大面积)一片巨石中间,且树身下就是一块巨石托着它，从巨石南边长出来两条粗根，两条粗根爬上巨石后生成了主干，主干向北平卧于巨石上长约1米，而后直立起来成参天大树。从根到干形成的形状就像人朝北趴卧在巨石上，两条粗根就像人的两条腿；两脚伸向石下插入土中。从腰部又直立起来成了树的笔直的主干部分。西边挨着

巨石像还有根，但成了贴着石的断根，长成了个扁瘤，不大。此株白杆云杉怎么就与黑里河镇道须沟风景区石塘林里那株白杆云杉长得姿态那么惊人相似？都是根扎乱石缝内，身卧巨石之上，然后树身抬起，长成蓬勃大树。只是它们二者树身卧于巨石上的方向不同，此株白杆云杉头向北，道须沟的白杆云杉头向南；树身卧于巨石上的长度也不同，此株白杆云杉卧石长度 1 米多，道须沟的白杆云杉在石上横卧长度 3 米多。

树干北侧离石面约40多厘米处原本有两个枝干，已长得挺粗，粗者在上，稍细者在下，都被人锯掉，可见粗者直径有20厘米，稍细者直径15厘米，被锯后长来长去形成了两个突出的疤瘌。树的根部树围315厘米，自两疤瘌往上稍细，胸围285厘米。不算卧于巨石上部分的1米多，主干高约3米以上分多枝，粗细不等，最粗枝两个。整棵树枝干婆娑，树形美观。树高14米。实测海拔高度，白杆云杉生长处海拔1380米，山顶有1400米。

由此树的生长环境、生长条件、生长状态及本身生长速度各方面衡量，估测树龄已逾千年。宛然一丛林长者，风度翩翩。是所见宁城白杆云杉中的王者。

时已6月下旬初，由于海拔高，此白杆云杉树跟前的粉锦带、白绣线菊等花开正旺。此白杆云杉之针叶有墨绿的，有嫩绿的，都很短，也就一二厘米，却密实。嫩绿叶是新长出来的。树上新结的云杉塔淡绿如蚕蛹。由于树之针叶短密，就显枝之厚重；云杉塔之新鲜，则彰显此白杆云杉生命力旺盛。

诗赞：

不怕海拔高，不惧冰沟寒。
高山乱石中，千年一白杆。
密林相为伍，丛灌伴花鲜。
堪称云杉王，独居在深山。

2021.6.20

61. 八里罕镇宏庙村赵家营子北山油松

此油松生长于八里罕镇宏庙村赵家营子北山坡。古树编号:15042900060。纬度(WGS84)41.554025,经度(WGS84)118.6498837。中文名:油松,拉丁名:*Pinus tabuliformis* Carrière。松科,松属。

树干弯斜后向上,上分多枝多杈。树冠南向、北向伸展较长,冠形不圆。根根虬枝节短枝长,从树顶之断枝枯干看更显得古老沧桑。生于山坡,孤独一棵,更显得威武、奇特,枝干风姿潇洒、枝影婆娑。胸围 240 厘米,树高 8.5 米。估测树龄已千年。古树等级一级。

民间传说:

古代,这山上有大片油松林。辽统和二十五年(1007)辽圣宗开始建辽中京,把这里所有栋梁之材的松树都伐走运去建辽中京了,只剩下这一棵又小又弯曲无材的没有用,留下了。经千年岁月它也没长成材,但却越长越好看了。

诗赞：

成材伐去建中京，只剩无材无可用。
日精月华育千年，也只长高不成形。
屈枝旁斜弯几道，曲干歪颈撑几层。
人闲到处寻风景，无材好看却出名。

2021.6.20

62. 八里罕镇宏庙村赵家营子赵宏启家门前榆树

此榆树生长于八里罕镇宏庙村赵家营子赵宏启家门前。古树编号：15042900061。纬度（WGS84）41.551371，经度（WGS84）118.6526893。中文名：榆树，拉丁名：*Ulmus pumila* L.。榆科，榆属。

原先此处曾建有一座寺庙，20 世纪 60 年代拆除了。此榆树主干高有 2.5 米，稍向北倾斜，树高 12 米，胸围 320 厘米。其上分两大枝干，两枝干都多生旁枝，树形漂亮，生长旺盛。树皮条状，很厚。西向的枝干向上高伸；北向的枝干所生枝杈向上的不粗，向东、向北伸的粗且延展得远。南向有一截枝后所生成的疤瘤。占地面积约一亩。估测树龄足有 325 年。古树等级二级。赵家将此树真当宝贝保护着呢。北侧一细枝过长，怕其断，用

作者在榆树前留影

一长桦木杆支着，树周建有围栏。赵家老太太说："谁都不敢动一个树杈。"

赵家家里人都出去干活了，老太太坐在大门口看门。89 岁了，红光满面，耳稍有点聋，眼不花，身体康健无病。一辈子生了 8 个儿子，儿孙们都有出息，多数工作在外，家中的赵宏启是老四。让老太太说起这榆树的来历来，可玄啦："这棵榆树开天辟地就有了！"

这位人丁兴旺、身体健康、幸福高寿的老太太更有高寿之古榆陪伴。

诗赞：

一株古榆守宅旁，远近百里是风光。
八子之母身康健，九旬老太喜夸张。
榆树有灵护家院，老太有福多儿郎。
临山心闲静赏树，傍路友情来四方。

2021.6.20

63. 八里罕镇二道沟村刘家营子吕占全家房后古柳

此柳树生长在八里罕镇二道沟村刘家营子吕占全家房后，紧挨房子。古树编号：15042900056。纬度(WGS84)41.473286，经度(WGS84)118.5656498。中文名：旱柳，拉丁名：*Salix matsudana* Koidz。杨柳科，柳属。

胸围700厘米，北侧根部还有两个巨大瘿瘤。从根部测量，地围足足800厘米。树高15米左右，在8米处上下分生出多个枝干，下弯者几乎挨地，向上者蓬勃高拔，树形雄姿威武。其南侧有一断枝；北侧则有一枯虬之枝弯而向下，枯枝上多处有鸟啄之洞。看树皮，粗条大纹，皮厚皮糙，树干稍有扭斜。树冠占地面积逾亩，估测树龄当在750年以上。古树等级一级。此柳为至今所见宁城县古柳中最粗的一棵。与三座店镇西沟村两间房那棵不分伯仲，只不如两间房那棵树干上瘿瘤大而多。

观其生长环境及地形，此地乃森林茂密之小山沟，人烟稀少，幽静偏僻，空气清新，有优越的生长环境。树长在人家房后，除人家的房屋更低（有后墙挡住）外，树生

于低处，后边都高。基本分为两层平台，最高平台为后栋房屋人家走路平台，树根层平台较大又低，能存水。主人家为它设置的生长条件也适宜它生长，不缺水，无遮挡，无人破坏，所以此柳生长旺盛，枝叶繁茂，不但主干中部能长出枝杈，根部亦长出许多嫩条。北侧根部还从缝中长出了一棵小榆树。

据说，20 世纪 80 年代，某一天因骤起大风，将此柳树南侧的一根约 40 厘米粗的大杈子刮断掉落。主人以为一定得将房屋砸塌，可是主人出来一看，树杈生生扭转了个方向掉落在了地上，房屋未受损，虚惊一场，主人只觉得神奇。此后便有很多人前来拜祭祈福，并围树缠红头绳，挂红布条……

站在吕占全家门前向南看，满山茂密的原始森林。南山顶上有一棵松树鹤立鸡群，此松树应该也很古老，可惜难以登山去查看。

诗赞：

不但藏于深山里，而且藏于房后头。
若非身形太高大，千年秘密藏山沟。

胸围七米两丈粗，根生奇怪两巨瘤。
枝变枯秃更弯曲，瘤生双瘤两圆球。

树高五丈形威武，遮地逾亩绿油油。
枝断也保主人安，惹得百姓跪拜求。

一株古稀隐士柳，不沾俗污八百秋。
日享日精炼壮骨，夜吸月华看吴钩。

2021.6.23

64. 八里罕镇高树营子村甘巴营子五株油松

八里罕镇高树营子村甘巴营子金松青家房后有 5 株油松。古树编号：15042900050–15042900054。纬度(WGS84)(仅以第一棵代表)41.514492,经度(WGS84)(仅以第一棵代表)118.7630813。中文名：油松，拉丁名：*Pinus tabuliformis* Carrière。松科,松属。

5 株油松等距直线排列,最东边的一株最细最矮最小,胸围 120 厘米,主干高 5.5 米处始有杈,树高 9 米。其余 4 株几乎等粗等高等直,皆于主干高 10 余米以上才生枝杈,树头圆形伞状。从东往西数,4 株油松的胸围分别为 210 厘米、195 厘米、165 厘米、165 厘米。树高 18 米。真是树干高大笔直、亭亭玉立,树形英姿潇洒、美观漂亮。只是周围垒有高高砖墙,对其整体形象略有影响。最东边一株最小,但树龄却是与其余 4 株大的是一样的。

甘巴营子是一个以金姓和鲍姓为主的蒙古族村落(现在只有两户别姓人家)。别看人家少、村子小,建村时间却早,清天聪年间(1627~1636),就有金、鲍两姓蒙古族人家在此始居,继而成村。5 株松树的前后两家都姓金。但自古至今,居民人家房前屋后是没有人栽植松树的。一位蒙古族老太太说:“这松树前最早有座佛爷庙来。”这就对了,这松树还是因庙而栽。

松树的由来：

据说鲍满祥、鲍满春的父亲知道，但老人已去世了。再就是金福满知道，今年已74岁了。他还曾为此5株松树写过一首诗：

八里罕五棵松

自幼落下甘巴屯，而今屹立顶凌云。
不惧严寒和酷暑，根深叶茂四季青。
壮丽英姿披锦绣，塞外山河美名留。
欲知五尊几春秋，相伴儿女百多年。

五棵松简介

五棵松名声在外，历史悠久。公元一八四六年（大清国道光二十六年），我村鲍氏家族的祖先鲍尔只斤氏扎那巴斯尔从河套边迁居到佛爷庙村。九岁时亲自栽培，到今已有172年了。

以上转载的诗与简介是几年前金福满写于围树西面砖墙黑板上的。有确切年份，真实树龄今已180年了。古树等级三级。

诗赞：

兄弟五个并排坐，甘巴营子松五棵。
昂首顶天哥四个，唯有小五矮又矬。
古松身如擎天柱，小村建久有传说。
村小曾只住二姓，庙小也曾供九佛。

2022.8.1

65. 温泉街道雹神庙村雹神庙前旱柳

此柳树生长在温泉街道雹神庙村的雹神庙门口，路边。古树编号：15042900055。纬度(WGS84)41.467551，经度(WGS84)118.7411532。中文名：旱柳，拉丁名：*Salix matsudana* Koidz。杨柳科，柳属。古树等级三级。估测树龄260年。

此柳树的保护规格较高，砖砌水泥抹的八棱形四层基座的围墙高约1米，层层缩回一些形成台阶，上面建不锈钢管围栏。树根部比路面低，从树根到围栏顶2米。被围住的2米高的树干上瘿瘤最大最多，四面皆是。此柳与围栏顶相平处最粗树围710厘米，再高1米，是其细处，树围约600厘米。

此树主干不算高，直量5.5米。约4.5米处东北方向大干已被截去，露出巨大空心。旁一较细枝干也已被截去，在被截处生出一根枝干又细又长，被人弯下将头埋入地下，在地下又已扎根成活，已向上长出芽枝芽叶，成了倒栽柳。但其

此柳修理前的形状

上部还长在大树上没断，上部长着的枝条下垂，成一奇景。柳树北侧，从根部高约 2 米处新被锯截处用砖堵死了树洞且抹上了泥，修饰过。西侧，树干高 2 米处干上有大瘿瘤，其直径有 80 厘米。西侧上边长着的两枝大干，一干朝西伸，一干直着向上。两干要分杈处有一大干新被锯掉。大瘤之下树干向内凹，大瘤处长着新枝。南侧，主干顶部上边两大干分杈处之下，被人锯出一个三角形洞，不知何意，难道是为鸟或其他动物留出住处？但也露出大树空心。所锯出三角形洞处两边各有一大瘤。底下及连接东侧离地约 1 米以上生着一巨瘤呈下垂状。东侧，树干较平，约 4.5 米大干被截处也有双瘤。截大干后长出的两枝干，东南干向南伸，上边有一东向干被截掉了，剩下之枝干都向南伸。此树之冠散展不大，冠幅有 15 米，树高有 13 米，树龄足有 260 年以上。古树等级三级。与以前本柳照片

相比，经锯截修饰后，本柳树冠小了许多。

柳树北之雹神庙是重建的。因古代原有一雹神庙，建于清朝乾隆年间，才因之起村名叫雹神庙的。

诗赞：

树体多大洞，树心已全空。
全身截干多，瘿瘤怪奇容。
栽活倒插枝，护理宝贝同。
雹神又上任，无灾民不穷。

2022.5.9

66. 右北平镇孙家营子村顾家营子前山九龙松

此油松生长于右北平镇孙家营子村顾家营子前山，距公路百余米。古树编号：15042900081。纬度（WGS84）41.451019，经度（WGS84）118.7936703。中文名：油松，拉丁名：*Pinus tabuliformis* Carrière。松科，松属。

胸围 290 厘米，树高 12 米，平均冠幅 18.6 米，生长旺盛，显得威风。估测树龄 500 余年。古树等级一级。枝节短，松针也短，古老的象征。此松奇绝之处在于：有 9 条粗大的树根隆起裸露于坡面与地面，酷似九条神龙盘绕在树干之下，故称“九龙松”。实则是因其生于山岗岗头，由于雨水冲刷年久，根土流失，使树根全部裸露于外所致。现如今站于树下，看其条条树根都需向上望。

人站树下，环顾三面，三面皆露根，盘绕四伸，根比人高。只南边一面接山梁，根未露出。脚下也是粗根遍地，伸向远方。根高高过树干，根多多似南方古榕。既非树根长粗山土才冲净，亦非山土涮净树根才长粗，而是年深日久之见证。树古此为凭：树龄年年长，树根越变粗。随着根深扎，同时雨冲土。年深日月

张成玉 摄

久，山土渐冲无。树根无土固，照样渐长粗。形成九龙根，奇松独一株。“根深不怕风摇动，树正何愁月影斜。”

民间传说：

据说此地为九条神龙居住之地，因此使得此树特有灵气。当地老人说，松皮为龙的鳞片，相传每揭下一片，仔细观看并加以联想，都可以想像出一种动物的形象来。曾有许多孩童都好奇地来揭树皮，但他们想像出的动物形象却说法不一。后来为了保护此树，老人们都不准孩子们来揭树皮，说那是龙鳞，不能揭，否则就是触犯神龙。因揭树皮的事被禁止了，再加上人们对此松的神秘渲染，因此这株古油松被保护下来了。

另一传说：

顾家女人告诉：“听老人讲，这道（公路）边就是河，早先河里流水。从河边一直到松树下这块地过去种线麻，线麻长得老高。一次，一条黑大虫（蛇）来河边喝水，爬过线麻地，把线麻轧得直直向两边分开一大溜，看见它头在河边喝水，尾巴还在大松树下呢。”

诗赞：

威猛一松站山岗，枝伸叶展震八荒。
根似九龙护一柱，九根裸露四面张。
鳞皮暗护藏机密，节如鸡爪古意苍。
传说神龙盘踞地，不日或可出帝王。

2021.5.24

67. 右北平镇大黑石村赵家沟里桑树洼两株千年古桑

右北平镇大黑石村赵家沟里桑树洼古桑树，两株双生在一起，生于山岗，生长茂盛。古树编号：15042900175-15042900176。纬度（WGS84）41.346493，经度（WGS84）118.8414255。中文名：桑树，拉丁名：*Morus alba* L.。桑科，桑属。

这是两株寿星型的古桑，单叶互生，叶卵圆形，有的也有裂叶。由于年久雨水冲刷，根土流失，粗壮的树根已裸露在外五尺多长。两树一株直立生长，高约8米，胸围245厘米。一株自根部就朝南平着生长，胸围230厘米。一高长，一平长，树冠长势一高一低，形如官帽。据当地人传说，有待具体考证，估测树龄约1400年。古树等级一级。树龄1400年，实为塞外难得一对奇珍，两株千年古桑，宁城古树之祖，劲峭苍老，原生质朴。

桑树洼地名就是以此两株桑树而起。其方位位于大黑山北，（曾开采的）萤石矿山之阳，人迹罕至之处。

民间传说：

当地老人说，据传说此两株桑树自北宋时就有，解珍、解宝兄弟俩在此打猎时他们就见过此树，只是不像现在这样长着。

为什么同生的两树，一株直立生长，而另一株却平着长呢？据说是因为有一个已传说了几百年的故事。

大黑山，又名大山尖子，因在路旁，山高且尖，远处即可见，在附近群山中宛如鹤立鸡群，相当显眼。清朝乾隆皇帝微服私访曾游历此大黑山，转完山南转到山北，走累了，来此两桑树下乘凉。细观此桑，树形奇特，苍老无比，乾隆十分惊诧，随口称赞："真乃塞外第一桑也！"借皇帝的金口玉言，于是此桑树获得了"塞外第一桑"的御赐封号。

实际原来两株桑树都是向上直着长的，只是那株细的向南稍弯斜点。乾隆皇帝觉得累，见附近又无处可坐下休息。随行大臣和珅指着这株稍弯斜的桑树说："这不就是您的龙椅吗？"于是随手将树压弯让乾隆坐了上去，上身倚着另一株桑树休息。所以，这株当了一次皇帝龙椅的桑树再也没有直立起来，就一直平着长了。

另一随行大臣纪晓岚习惯拿着大长烟袋抽烟，纪晓岚倚着这株弯下来的桑树抽烟，抽完烟往一根挺粗的树枝上磕烟灰，把这根树枝烫伤了，桑叶便"哗啦哗啦"地落了下来。和珅不是净和纪晓岚打嘴仗嘛，这时和珅埋怨说："纪晓岚，你好大胆，竟敢往皇上的龙椅上磕烟灰，你看把树枝烫死了不？"纪晓岚一惊："哎呀，这可咋好？"纪晓岚觉得可惜了。乾隆皇帝看了看，安慰纪晓岚说："没事，明年它还长叶，死不了。"

桑树叶子很大，在塞外，冬天叶子干在枝上颜色变橙黄，叶可以不落，等春

天长新叶时老叶再脱落。可这株桑树被烫伤的这根树枝自此每年春天长叶到秋天叶就落了，不再干后仍长在枝上，枝不留叶，而且长得叶比别的枝上的桑叶小很多。至今如此，因为这是受了皇封的。

诗赞：

根露地表缘岁久，形似官帽有低高；
乾隆乘凉此桑下，龙目惊诧根梢瞧。
皇帝金口连声赞："塞外第一桑"可骄。
一为龙椅身不起，枝不留叶因火烧。
封赐不死年长叶，今被史官记正条。

2021.5.24

68. 右北平镇大黑石村刘家山根 10 号门前旱柳

此柳树生长在右北平镇大黑石村刘家山根 10 号门前。古树编号：15042900095。纬度(WGS84)41.344406，经度(WGS84)118.868445。中文名：旱柳，拉丁名：*Salix matsudana* Koidz。杨柳科，柳属。

此树乍看像牛角分向两边，上部又往回弯。从根部到分杈主干不到 2 尺高，分杈处树围 510 厘米。分杈后，东杈粗 260 厘米，向东歪约 2 米后有断枝，而后上伸 1 米多有一大枝向西弯去，主枝顶部有断枝，树高 9 米。向西歪的西杈粗 220 厘米，主杈约高 4 米后又弯向东，此杈矮。根部瘿瘤多且大，奇形怪状。主根大部向西伸，已把保护性水泥围栏撑破，

根伸于外。估测树龄有 200 多年。古树等级三级。

85 岁的刘永善老人说:“原来这柳树旁是个大水坑,树北是井,人们净上井边饮牲口,为了拴牲口就在这砸了个树桩子,没想到树桩子就活了。树长大后向东歪是大风刮的,没看树根从西边撅出来了吗? 原来树是直的。没看树下树上大洞大疤瘌?那是原来的大杈子都刮断了。这棵树原来是圆的,现在剩东西两面长了。”

刘永善老人还说:“大队把树卖了,刘存良、刘存生、刘存友他们哥仨买下的。”

诗赞:

山根柳树有一棵,同根双干细枝多。
根部瘤多因树老,干上疤多因风折。
拴牛桩子成大树,二百多年照样活。
刘氏兄弟该褒奖,树下围栏该外挪。

2022.5.1

69. 右北平镇大黑石村杨杖子一组两株榆树

两株榆树同生长在右北平镇大黑石村杨杖子一组干河沟挡水坝边，两株相距两米远。北纬 41°21′，东经 118°51′。中文名：榆树，拉丁名：*Ulmus pumila* L.。榆科，榆属。

东边的一株主干东斜，胸围 330 厘米，主干高约 4 米处生上下两杈，再高约 2 米处生出向东平伸大杈，而后主干高起。树高 13 米，平均冠幅 18 米。西边的一株主干较直稍向西歪，胸围 255 厘米，主干高 3 米处分成南、北、西 3 枝大杈，不同方向斜伸展枝，树高 13 米，平均冠幅 15 米。

两树树皮条状有深裂。共同遮荫约 2 亩。因其旁垒坝，看样子主干于坝下应还埋有一两米。

此两株榆树属杨国文、杨国生家所有。估测树龄 250 年。古树等级三级。

诗赞：

黑石山前两古榆，一歪一直自占区。
歪者粗而枝伸远，直者细也钱不稀。
同在河西坝边站，互为相伴布防局。
村民也有自豪感，杨家兄弟保其需。

2022. 5.1

70. 右北平镇大黑石村杨杖子一组半桩子旱柳

右北平镇大黑石村杨杖子一组，那两株大榆树西边约距 50 米处，也同在坝上还有一株半桩子古柳。北纬 41°21′，东经 118°51′。中文名：旱柳，拉丁名：*Salix matsudana* Koidz。杨柳科，柳属。

此柳不知因何故与何时上干已被截去，已成高约 2.5 米的半桩子，其上边又生出许多细枝，仍显其生命力旺盛。

测其树干胸围 466 厘米，树干扁，树心已空，树皮残缺，且树干西侧已开裂劈通。树干上有巨瘤，而且有枝杈断后留下的疤洞。此柳树是杨文涛家的。

此柳之形状似与一肯中乡茂福沟村杨家湾那株很相似，无论粗度与树心空

枯程度。所以,估测此柳树龄也近 300 年。古树等级三级。

诗赞:

古柳虽老剩半桩，尚在生枝长絮忙。
身残皮缺心空膛，不甘认命就此亡。
已活百年经事故，历尽日月话沧桑。
莫讥惜命仍挣扎，人求长寿也顽强。

2022.5.1

71. 右北平镇大黑石村温杖子东山坡农田边蒙古栎

此蒙古栎(也称柞树、橡子树、梂树,土名柠椤轰子)生长在右北平镇大黑石村温杖子东山坡农田边，孤树一棵。古树编号:15042900100。纬度(WGS84)41.347497，经度（WGS84)118.8715207。中文名：蒙古栎，拉丁名:*Quercus mongolica* Fisch. ex Turcz。壳斗科,栎属。

树冠巨大,枝展自然,树形优美,生长旺盛。树高 13 米,胸围 330 厘米。主干不高,分枝较多,估测树龄当在 310 年以上。古树等级二级。树下为周家坟茔地。树之主人叫周子国。

诗赞：

蒙古栎高此为冠，树龄当超三百年。
枝叶蓬郁形如伞，独立旷野受孤单。

2021.5.24

72. 右北平镇大黑石村温杖子温占山家院外桑树

右北平镇大黑石村温杖子温占山家房东侧有一株桑树，是株结桑葚的古桑。北纬 41°21′，东经 118°51′。中文名:桑树，拉丁名:*Morus alba* L.。桑科，桑属。

此株桑树叶有多裂，叶柄长，似蒙桑。树根裸露，树干挺拔粗直，胸围 190 厘米，上枝六杈，弯曲分布，树上有鸟啄树洞，树高约 10 米。树虽不算古老，但也有 200 年，因桑树生长慢。古树等级三级。此树属温占山家所有。

诗赞：

挺拔粗直生宅旁，叶有多裂似蒙桑。
树根裸露枝六杈，身高十米皮层光。
人吃桑葚染唇紫，蚕吃桑叶织茧房。
鸟雀为啥愿啄洞？总为消磨日月长。

2021.5.24

73. 必斯营子镇西哈脑村三组 182 号院韩树财家旱柳

此株柳树生长在必斯营子镇西哈脑三组 182 号院韩树财家西南墙角。古树编号：15042900111。纬度（WGS84）41.44942，经度（WGS84）118.9569447。中文名：旱柳，拉丁名：*Salix matsudana* Koidz。杨柳科，柳属。估测树龄 390 年。古树等级二级。

树高 10 米，胸围 700 厘米。其主干树头已无，生出侧枝高伸，树干中空腐烂，空心内能站 4 人。南向斜伸一干，也已中空仅剩皮层输送养分，瘿瘤巨大压于墙上，粗大的枝干伸出墙外向上挺起。金代文学家赵秉文咏辽中京《南园》诗中，有"百年树腹通人过，四月花枝对酒闲"之句，极写辽中京百年古树生长之奇特。韩家此柳树腹虽不能通人过，却树干空心容人坐。综观此古柳虽已极显老态，似古董级文物，但其生命力极强。

据树主人本家韩金山说，他们祖先是随汗王过来的，这儿安过将军府。这树下有过影壁墙、旗杆座……他说安过将军府确属事实，其所说韩氏祖先之来历也是真的。

必斯营子镇哈尔脑（包括大明镇哈尔脑）系蒙

古语“哈日努达”，属蒙古部落名称。后金天聪三年（1629）十月，皇太极（汗王）率满、蒙、汉大军入关伐明，喀喇沁右翼旗（含今宁城县境）部落塔布囊苏布地也率大军随征，并以喀喇沁部塔布囊布尔哈图为向导。这次西征绕道喀喇沁部返回。皇太极率军返回时，沿途于各驻地留下了许多军兵及家属。于是以这些人为基础在今宁城境内形成了一个又一个蒙古族村落。比如这必斯营子镇哈尔脑就是皇太极（汗王）率军伐明路过此地，留下哈日努达姓官员管理此地百姓，并授命驻防辽西喀喇沁部属地，属先锋哨探和筑防战壕之军。“哈日努达”姓后转为“韩”姓，宁城县境内凡叫“哈尔脑”的地方的韩姓蒙古族人都属本家。

韩家老太太陈显荣，82岁了，耳不聋眼不花，记忆力强。娘家东洼子，1958年18岁结婚嫁过来的，生产队时曾经的铁姑娘。据老太太口述：韩家老太爷叫韩成福，6个儿子。六爷爷力大，当年打仗，是六爷爷把喀喇沁部王爷（苏布地）夹在胳肢窝里从战场救出来的，立了大功。当年这里荒无人烟，王爷赏给60亩地当坟茔地和房身地。韩氏家族便从孟家湾子搬来居住。这株柳树就是当年搬来后，放 1000 斤黑豆倒着栽上的，四五百年了。后来这院为佛爷庙，1966 年拆除。影壁墙都是大砖垒的，前后各有一旗杆，石头旗杆座子现在尚存。东边还有座九神庙来。

诗赞：

巨瘤压墙枝伸外，　主干在院墙角倚。
中空能容四人立，　活着全赖外层皮。
庙宇已于“文革”去，柳作见证显世奇。
而今你们保护我，　当年我曾保佑伊。

韩家老太本姓陈，叙说韩家有功臣；
王爷赠地六十亩，用来迁籍埋祖坟。
千斤黑豆倒栽柳，四五百年今遗存。
老态龙钟虽难看，树成中空本虚心。

2021.5.21

74. 必斯营子镇马杖子村村委会院侧柏古树群

这组侧柏古树群生长在必斯营子镇马杖子村村委会院内，共 26 株，其中 20 株有编号。古树编号：15042900125-15042900144。纬度（WGS84）（仅以第一棵代表）41.418578，经度（WGS84）（仅以第一棵代表）119.0595245。中文名：侧柏，拉丁名：*Platycladus orientalis*（L.）Franco。柏科，侧柏属。

东 10 株（已死 2 株）、西 8 株（已死 4 株）、北（房后）8 株。树高不等，粗细不等，最高者约 12 米，最粗者胸围 126 厘米。

据当地老人讲，此地曾建有讲堂庙，进深三层，四周院墙。柏树为建庙时所栽，栽在院墙内三面。现仅存最后边青砖青瓦庙殿三间，已破旧。前边是新盖的村委会办公房。估测树龄已 320 多年了。古树等级二级。

诗赞：

黛瓦青砖古庙院，
水泉梁南柏参天。
虽然不及汉柏老，
树龄已逾三百年。

2021.5.21

75. 必斯营子镇卧龙泉子村下刘铁沟李梦军家门前榆树

此榆树生长在必斯营子镇卧龙泉子村下刘铁沟李梦军家门前。古树编号：15042900121。纬度（WGS84）41.38624，经度（WGS84）119.0726725。中文名：榆树，拉丁名：*Ulmus pumila* L.。榆科，榆属。古树等级一级。估测树龄 520 年。

其生长在道边加河边较空旷之处，显得格外威武，离老远就看得见。其高大古老不亚于大城子镇朝阳湾子村下营子那棵公榆，比那棵还高。主干高约 4 米，胸围 505 厘米，需 3 人合抱；上分 4 主枝，仅其中 1 枝伸得最高，其次的从高处折断但未掉，再次的较粗也从高处断掉，最矮的断枝中空，奇形瘿瘤聚集；此榆树树皮条状，称得上古榆，算得是宁城古榆中高大的一棵，树高 16.6 米。

诗赞：

古榆在下刘铁沟，远望即见独风流。
形神傲立显威武，枝高何惧有断头。
断枝中空虽老样，奇形瘿瘤岁月收。
树上如再生冬青，千年疑窦一笔勾。

2021.5.21

76. 必斯营子镇石佛村东营子祝永福家墙外榆树

此榆树生长在必斯营子镇石佛村东营子门牌 21 号祝永福家东墙外。古树编号:15042900119。纬度(WGS84)41.364092,经度(WGS84)119.020904。中文名:榆树,拉丁名 *Ulmus pumila* L.。榆科,榆属。

树高 10 米,胸围 400 厘米,平均冠幅 13 米。树干扁圆形,虽粗,树心已空,已断两枝大干,唯尚余一干上伸,枝杈虬曲。树形歪扭不直,极显老态。树皮特别厚,皮裂特别深而粗糙。根部有树洞,洞外摆放着香炉。树干已空却枝叶繁茂,显现着旺盛的生命力。估测树龄 350 多年。古树等级二级。

民间传说:

72 岁的祝永春(树主人本家)口述:这是明末清初的树,至今 400 来年了。原来此地无人烟,一片榆树,被一场天火烧净了,仅剩此一棵。清朝时,刘罗锅子(刘墉)迁民,从口内迁来移民这里才有人烟。南湾子的第一户迁民是陕西老阎

家，他把这地方都占下了。我们老祝家老家山东登州府文登县，从山东过来买的老阎家的地方，到我这辈第八辈子了。姓牟的是“土改”后来的了。石佛这儿辽代不还安过劝农县呢吗？这北边的石龙山古代就叫德山。贾师训墓，东边邢家沟的那个有人说是假的，真的是北沟那个。北沟那有石头旗杆，而且曾经有看墓人。这棵树，人说树里住着仙呢。

树主人祝永福说：“这棵树东边有大洞地方那个树干原来朝东弯，枝子一直弯到地上，下‘树挂’（雪凇）压断的。上边的有疤节地方那个树干枝子也向南弯到地上，是压断树干做下的疤瘌。这树下烧纸失过火，可第二年看，没烧死。这棵榆树的榆钱和别的榆树不一样，吃着是甜的。曾有个女的有钱，来了要买这棵树，我说：你再有钱你也买不去，就让它自消自灭吧。”

诗赞：

榆虽劫后生，人更晚迁来。
树空却不死，枝断造型歪。
史存一地标，德山正前怀。
树洞住着仙，保佑多来财。

2021.5.21

77. 必斯营子镇石佛北沟三组张廷义家老宅枣树

到必斯营子镇石佛北沟三组寻找老刺槐，此刺槐属张廷义家所有，树在两墙夹缝中，根部直径有 60 厘米，高约 8 米，上部枝干已干枯许多。估测树龄也就 100 多年，不足为奇。此番却无意间竟凑巧发现了一棵古枣树。北纬 41°22′，东经 118°59′。中文名：枣树，拉丁名：*Ziziphus jujuba* Mill。鼠李科，枣属。古树等级二级。估测树龄 300 年。

有枣树之院是张廷义家老宅，因张廷义已搬到别处另盖房，此院无人居住，年久失修的茅草房已破旧不堪，前后房都已塌毁。古枣树就生长在此院中。那棵刺槐就生长在后房东侧房后。此院中还有一盘石磨。

此枣树从根部向上不足 1 米处北侧分干，两主干扭着长，原主干粗，往西扭；分出的主干细，往东扭。细主干高约 2 米处分杈，一杈向东，一杈向北。向北杈又起高 1 米再分两杈，一细杈直着向上，一粗杈伸向北。粗主干起高约 2 米处也分两杈，一杈向南，弯而向上，再生枝杈南伸；另一杈粗，北伸 1 米后向西弯。

此枣树真是老干虬枝、老而蓬展，虽不能说世所罕见，可是我从未曾见。量其离地 0.5 米处分杈前主干树围 190 厘米。估测其树龄要比刺槐老得多，至少 300 年。比一肯中乡

杨家湾杨凤学家院里那棵还粗许多。比那棵矮，树高约7米，枝展面积大。

村里92岁的张廷贵老人说："我小的时候那棵槐树碗口粗。枣树可比槐树早着去了，我小的时候它就挺粗了，枣树不爱长。"由此可知：槐树树龄100多年贴切。枣树树龄300多年也能证实。这家女主人说："这棵枣树可爱结枣了，哪年都不少结，枣挺大的。"可惜这次来的不是时候，枣树还没开花呢，如果农历八月来多好。不过我看见院中枣树旁磨盘上还有枚干枣呢，确实不小。

下来采访，自然要找有人和人多的地方；有外人来访，村人自然就往来人跟前聚拢；唠起嗑来，七嘴八舌，自然就热闹；我自然就往想打听的事的有关方向引，自然就又顺便调查出、了解到一些民间故事出来。

我说："你们石佛这地方是风水宝地，辽代在这安过劝农县，邢家沟那儿还埋着辽代朝廷大官贾师训。不过，也有人说邢家沟那个古墓是假的，石佛北沟的才是真的，你们这儿的人咋说？"88岁的老人张万宗讲了一段不一样的传说："听东营子祝海山告诉(祝海山那人有文才，已去世多年)，邢家沟埋的是大辽国萧太后的女婿，有石碑。萧太后赐给他'九门九棺九口灵'。挖墓时没找着，只有玉石桌子、一桌席。外边有一个小墓，也是大青砖垒的。石佛北沟这也有大墓，西边这山叫龙头，龙头这山下有大洼，埋坟的地方，挖开过，四外柏木椁，都是卯榫结

构相扣着的，石灰膏抹缝。让王杖子老禹家盗去了，拴了七套骡子车，好东西还都扔了，没要。你看北沟这地方，西边山是龙头，东边山是元帅山，看那五个石砬子，前边是元帅，后边四个是战将。这两山之间东北处的叫皇上洞，看那山像不像皇上的帽子？山下边有洞。”

92岁的张廷贵说：“（邢家沟大墓）石碑都砸碎了，石碑让日本人拿去了（实际拿承德去了）。那大墓就挖开头一道门，就拿出石桌子，石桌子上有盘子，再往深挖挖不起，净石头填的，没找着。北沟这儿，古墓也都被人盗了，因此还有被抓起来蹲法院的呢，净外地来的人挖的。”听起来，贾师训的墓还是在邢家沟才对。

张廷贵老爷子接着唠：“原来安乡政府那儿叫善王庄，东营子叫大王庄。鸡冠山（即张万宗说的皇上洞）下住过山大王，就是山下平地，那儿还挖出过不少东西，还有大钱呢。从这儿往西过梁出去沟，那儿叫三铺炕，就是大塘沟，山上也住过山大王，离此八九里地，叫大王山。这儿这个山（即张万宗说的元帅山）叫五指山……"83 岁的张万全插话:"南边山根那小石佛还有呢,帽子没了。"他说的小石佛是指由其得名"石佛村"的石佛。临走时驱车去南边大桥边的山根石壁前看了看,雕在石壁上的小石佛真的还在,只是头部被砸掉了。旁边大石壁上 2008 年新雕凿的三尊大佛像镀着金,且下边修着台阶。这就是石佛村之地名来历处。

诗赞:

靠走主人多少辈,　　靠倒多少茅草屋。
苦耐寂寞深山里,　　长久度岁星月熟。
最晚长叶人称早(枣),开花最小蜂喜殊。
千颗红枣可入药,　　大隐隐士远流苏。

2022.4. 24

78. 必斯营子镇必斯营子南山经峰寺院内侧柏

此株侧柏生长在必斯营子镇必斯营子南山经峰寺院内。古树编号：15042900109。纬度（WGS84）41.424119，经度（WGS84）118.9998392。中文名：侧柏，拉丁名：*Platycladus orientalis*（L.）Franco。柏科，侧柏属。

胸围 180 厘米，树高 11 米，主干高约 4 米处原分生 4 干，向东的已被截掉，剩 3 分干，南侧分干高起 0.5 米又分成 2 干，又共成 4 干，4 干中西侧干弯曲。树皮条状较粗糙，树冠圆。

此处原有的古庙叫喇嘛洞庙，21 世纪初重修后改称“经峰寺”了。据必斯营子南山位置与地点树木茂密、品种多样、三面环山、风景优美、小气候环境好等条件特点看，可以确定：此侧柏绝不是建庙后所栽，一定是建庙前此树就已自然长成，建庙时保留之或因此树而选址建庙。因为侧柏跟前在一起生长的原来还有一棵油松，重修庙时因在松树下滤石灰

而被烧死了。那棵松树树干笔直高大，也很粗。柏树长得最慢，所以细些，它们应是松柏同龄。如果是初建庙时所栽，不会是那个栽法，不可能将一松一柏两株合栽在庙殿前正中央，依一般常有的做法会把两树分栽在庙殿两边。有照片为证。

如今，宁城县境原古庙遗存下来柏树的不多，仅此处与本镇马杖子村讲堂庙这两处。马杖子讲堂庙之侧柏确为建庙时人工所栽，庙院内之东、北、西三面侧柏整齐排列，依建庙时间估测，其侧柏树龄已 320 多年，其侧柏群中最粗的一

棵胸围 126 厘米。查经峰寺(喇嘛洞庙）建庙时间在清初,且此侧柏胸围 180 厘米，柏树又长得特别慢,因此估测此侧柏树龄在 450 年左右。古树等级二级。

诗赞：

重建庙时你幸运，
没被烧根你幸存。
峰前庙内护佛法，
遍山石上看经文。

2022.5.9

（2003.7.5 摄）

79. 必斯营子南山经峰寺院内白丁香

必斯营子南山经峰寺院内还存有一株白丁香，长在庙殿前左侧殿角。古树编号：15042900110。纬度（WGS84）41.424231，经度（WGS84）118.9998992。中文名：白丁香，拉丁名：*Syringa oblata* Lindl. var. alba Rehder。木犀科，丁香属。古树等级三级。估测树龄160年。

此株白丁香从根部一根分两杈，每杈树干胸围80厘米。东侧丁香树干先向南歪，约不到1米处有断干，树皮、树干也向根部开裂，而后另生侧干斜伸向南，高伸约2米后树头分杈。西侧丁香树干较直，向上伸至约3米处树头分杈，分杈前树干稍弯并有疤节。两树高约6米，正当叶密花繁时，花密而洁白，素雅而清香。树上挂满彩色布条和彩旗。

庙前原有紫丁香、枣树、华北珍珠梅等多种树，也都是天然野生，今已无存。

经峰寺现由何相伟师父住持，正在搞修建。

经峰寺寺址幽僻，风景优美，实是建庙绝佳之地。方外之地，要的是清静。“寺院有尘清风扫，山门无锁白云封。”

诗赞：

是花是树站殿前？亦花亦木久有年。
白花浓香寺里气，经峰檀香炉中烟。

2022. 5.9

80. 必斯营子镇东哈脑村谢家营子六组 25 号院谢守玉家两株榆树

必斯营子镇东哈脑村谢家营子六组 25 号院谢守玉家有两株榆树，去必斯营子南山经峰寺路过时就能看见。北纬 41°26′，东经 118°59′。中文名：榆树，拉丁名：*Ulmus pumila* L.。榆科，榆属。古树等级三级。估测树龄 280 年。

其院内东角有一棵榆树，矮点，主干稍向西斜，胸围 270 厘米。主干北侧下部因缺皮有疤痕。树高约 10 米，主干在高 3 米处分为南北两大干，南干伸出墙外分杈，北干高伸且多分杈。此树之枝干皆弯曲多杈。

其院内西侧有一棵榆树，更粗更高更大，夹在西侧两个简易小厢房中间窄空中，两小厢房间空距 1.5 米。紧挨树还有一眼井。此树高约 3.5 米处分成东西两主干。西干起高约 2 米处长出两枝枝干歪向其家正房西檐，再高的则向北伸，

头部下垂。东干先分生一向东的低矮枝，再高则分为东西两大杈，头部都向下垂。树干胸围没法量，测其胸径 110 厘米，两边就要挨上两小简易房的墙了。树高 13 米。树皮条状，树干无瘿瘤，顶部有枝干已干枯。

比较两树，西侧高大者挺拔威武，东角稍矮者弯曲婆娑，都健壮茂盛。总之，已为古树，虽然形体一高一矮，一大一小，但树龄是一样的，估测树龄都已 280 余年。

树主人谢守玉（68 岁）告诉：这棵小树是自己的，这棵大树是当年他买下的本家谢玉春的。“我爷爷活 87 岁，我爷爷说我太爷时就有这两棵树。我爷爷活着时这棵大树上长过一棵冬青，后来死了。十多年前大旱，树旱死了，第二年又活过来了。树上干巴杈子上有洞，啄木鸟啄的，树上有铜螺。有一年，我正在树下坐着，树上忽然掉下一条小长虫（蛇）来。原来这两棵树上曾住过 40 来窝喜鹊。”

他还说：“2005 年我想打井，在树下打井怕有大树根，想在东边打，请‘先生’看地方，‘先生’指着大树前这地方说：‘就在这儿打吧，没事。’结果打这口井时只挖出四五根小细树根来。我盖这正房房子时挖地基，结果挖见一根直径 2 尺来粗的大根，没办法，只得从大根下面挖通，没敢挖断大根。大根往北扎下去了。”

我建议:“你应把这两个小房拆掉,腾出空间把树好好保护一下,将来在院里开个农家乐都未尝不可。”

诗赞:

高矮两榆属谢家,临近经峰地址佳。
高树却被矮房夹,矮树守门景色加。

2022.5.9

81. 大双庙镇巴里营子村石头老爷庙庙前榆树

大双庙镇巴里营子村石头老爷庙庙前有棵古榆，就在路边。古树编号：15042900065。纬度（WGS84）41.487825，经度（WGS84）118.9759573。中文名：榆树，拉丁名：*Ulmus pumila* L.。榆科，榆属。

榆树主干不高，树高 8 米，胸围 410 厘米，上分三枝，两枝向南斜伸，一高一低，高者细，低者粗；向北一枝已断而且已死，光裸无皮。估测树龄约 240 余年，显苍苍老态。古树等级三级。

树干上层层缠满了红布、黑布，树枝上遍挂着红布条，树根处摆放着香炉，还有几尊瓷观音佛像。

周围已修水泥垛，垛上安围栏保护。

常言："树老钱稀。"

诗赞：

一榆庙门前，看着挺威严。
自生人世间，树龄三百年。
一年一生财，一年一撒钱。
钱厚招人敬，钱稀少人怜。

双枝南斜北枝断，细枝蓬勃显寿延。
身前香炉烟缭绕，凡人供奉当神仙。
何如生在山幽地，偏来熙攘尘世间。
水泥圈来烟火熏，红布围裹黑布缠。

2021.5.24

82. 大双庙镇巴里营子村石头老爷庙庙院两株油松

大双庙镇巴里营子村石头老爷庙庙院内有两株油松，当为建庙时栽植。古树编号：15042900066–15042900067。纬度（WGS84）（仅以第一棵代表）41.488262，经度（WGS84）（仅以第一棵代表）118.9755172。中文名：油松，拉丁名：*Pinus tabuliformis* Carrière。松科，松属。古树等级三级。真实树龄 274 年。

前院之油松高耸挺拔，苍老遒劲。胸围 195 厘米，树高 11 米。苍松证明了古庙存在的久远。后院之油松较矮，上边分枝多。胸围 180 厘米，树高 9.5 米。

民间传说：

传说，此庙乃清乾隆年间两位商人所建。当年两位山东商人到塞外后府做买卖，四五年间，生意不错，赚银万两，启程返乡。途中遇劫匪黑马队，一马平川之地无处躲藏，他们只得躲在一块一人多高的大石头后面。突然刮起大风，狂风卷起黄沙满天，由于风沙的掩护，劫匪没能找到二人，财物未被劫走。大风过后，二人纳闷地议论起来："我们明明能看见劫匪，那群劫匪为何看不见我们呢？准是石头救了我们俩的命。"两位商人认为石头有灵保护了他们。为感谢大石头的救命之恩，后来就雇辆四套骡子车把大石头拉走，想拉回老家供奉起来。走了半个月，结果拉到巴里营子这里再也拉不动了，大车怎么也不走了。又套上4匹骡马，任凭车夫怎样喊打牲口，这车照样纹丝不动。没有办法，二人商量："救命的石头准是看中这方宝地了，咱们就在这儿给它修座庙供奉在这儿吧。"于是，在巴里营子建了庙，请匠人把大石头雕成关公关老爷石像供奉在庙里了，这就是石头老爷庙的来历。石头老爷庙落成那年，正好是乾隆十二年（1747）三月。

诗赞：

枝不旁斜干直挺，老爷庙中二古松。
论资不如佛法广，排辈当与庙龄同。

石头救人得善报，雕作佛像已成佛。
老松若只摆老谱，到底也仅树两棵。

2021.5.24

83. 大双庙镇龙潭村董家营子董来家东侧旱柳

此株柳树生长在大双庙镇龙潭村董家营子董来家东厢房房后，实际是村东头许民七家的（大哥许民三、二哥许民五、三哥许民七、小弟许民九）。古树编号：15042900074。纬度（WGS84）41.536652，经度（WGS84）118.8846035。中文名：旱柳，拉丁名：*Salix matsudana* Koidz。杨柳科，柳属。

此柳胸围600厘米，主干4米高处上分5大干。东南方之干最细，树干直径40厘米，于高3米处折断，但断不彻底有连接，大干长约10米斜着倒向南方直接扎在地上，干上还长着绿枝条，热心向导孟祥芝（62岁，本村妇女）说三年前断的。其余4大干均高起后分杈，皆争向上比高。其西方两大干之北侧干，今夏从顶部断掉一大杈，因其正处于董来家东厢房上方，断下来砸坏了房子。现断掉下来的大杈还躺在房后树下，直径35厘米，杈上仍长出嫩树条。此柳主干南侧胸围高处所生巨瘤直径1米多，瘤厚约40厘米。其上及东侧也有瘤。

树高20米，生长良好。古柳这么高的少。此柳西大干树顶还有一簇冬青。只是其周围杨树榆树长的也高，外来人不容易发现此柳。

估测树龄400年。古树等级二级。

诗赞：

高柳深藏董家营，胸围六米五杈生。
大杈半断斜扎地，大瘤在腰筐箩形。
顶杈断坠房受害，柳生僻地难彰名。
树下不可堆柴草，认真护树家安宁。

2023.9.5

84. 大双庙镇龙潭村小老爷庙宋自义、宋学峰两家两株榆树

宋自义家院里榆树，古树编号：15042900072。纬度（WGS84）41.515089，经度（WGS84）118.9087605。中文名：榆树，拉丁名：*Ulmus pumila* L.。榆科，榆属。

宋学峰家院里榆树，古树编号：15042900073。纬度（WGS84）41.515304，经度（WGS84）118.9088463。中文名：榆树，拉丁名：*Ulmus pumila* L.。榆科，榆属。

大双庙镇龙潭村小老爷庙宋自义、宋学峰两家的两株榆树，东西相距 20 米。原本就是宋氏一家的。原来宋家有东厢房瓦房 5 间，房子东头和西头各一棵榆树。老一辈（宋自义的爷爷一辈）哥五个，后来分家另过。宋自义家分到东头的两间房和东头的这棵榆树。后来各家都自盖房独立成院，就成了现在的格局：东头的榆树在前院宋自义家院内东墙角，西头的榆树在后院宋学峰家院内正房东侧。

据宋自义（70 岁）、宋振发（70 岁）说，早先两棵榆树互相伸展过来的枝干都

能连接上,枝干下垂到人躺到地上都能吃榆钱,小孩子踩到树枝子上扇乎着玩。

宋自义家这棵榆树胸围 550 厘米,树皮粗条状,沟深约 6 厘米,皮厚沟深。树高约 4 米处断一向西北伸的大杈,他家都没敢烧还在那留着呢。树的顶部断一头。此树枝杈伸展面积大,主要向西伸展多,平均冠幅约 18 米,树高 14 米。

后院宋学峰家院内那棵因靠墙根,根部堆放杂物,无法量其胸围,只能大致量其胸径为 180 厘米,似乎比前院这棵略粗。西面见露根 2 尺高,树之主干向东歪。主干高 6 米处分生东西两大干,西向大干分生西、北两杈,西杈于高处又弯伸向南长有 4 米。东向大干粗,分生向西南一杈有断干,分生向东的一杈最粗,起高 2 米左右处断 3 大杈,北杈是向下弯断,东、南两杈是从根部断,树顶也有断杈。树之向东的粗干上有双瘤。总之,宋学峰家的树断干多。据说,宋振发、宋振普(66 岁)都曾上树锯过树杈。此树树冠不如前院树的树冠大,似比前院树高 1 米,树高 15 米。

据宋自义讲,宋家从山东过来到他这辈已九代了。据说他爷爷小时候这两棵树就挺粗了。林业部门来普查时,其妻子说“这树 240 年了。”于是就定了估测树龄 240 年。根据树形、粗度及宋家历史推测,两株榆树树龄应有 400 年了。古树等级二级。

宋自义告诉:“说起来也怪,这么粗的榆树,那年村中各家安自来水,就在我家门前墙外道上拿钩机挖自来水沟,离树也就两三米远,挖1.6米深,一根树根没挖着……”

听得出来,宋家人对古树有一种敬畏心理。

小老爷庙借红袍的故事

宋自义家西边就是原小老爷庙遗址,今还有3棵原庙院的柳树生长在路边,有一棵顶部已死。从南往北数,3棵树的胸围分别是350厘米、300厘米、350厘米。

别看是小老爷庙,庙里供的神仙可多,当年比南边大庙村的大庙香火还旺。1966年拆掉的。

据说有一年正月,村里办会,小伙子们都愿参加,有一小伙子没有行头(服

装），咋办？于是便跑到老爷庙里将关公身上披着的红袍解下来借走了，想穿着去踩高跷。开着“三马子”去的，拿上红袍后刚开出去不远，突然“三马子”就开不动了，又找来两个小伙子帮着推，那也开不走，再使劲推，“咔吧”一下轴断了……这时村里一老人说：“小伙子，用关公老爷披着的红袍那得讲借，得烧上三炷香和老爷祷告一声求借，用完就还才行。不说明道明拿着就走，那还行？”小伙子一听，二话没说，拿上红袍回到庙里，给关公老爷烧上香，又磕头又祷告，把红袍送回去了。

老爷庙关公老爷披的红袍，是想施舍的施主施舍的，或原先许了愿的施主所求愿望已如愿以偿，来还愿时送的，怎可随便拿去办灯会！

诗赞：

两株老榆遥相对，古怪离奇人敬畏。
正是春深钱厚时，能使宋家添富贵。

2022.5.9

85. 大双庙镇巴里营子村张小光家榆树

此榆树生长在大双庙镇巴里营子村张小光家房南侧,“兴哈”线公路西,道边。古树编号:15042900068。纬度(WGS84)41.485022,经度(WGS84)118.9968137。中文名:榆树,拉丁名:*Ulmus pumila* L.。榆科,榆属。

胸围420厘米,主干高2.3米处分生三大杈。因树根部有垫土,估测树干还能高出半米。西杈高1.2米处分生三杈,靠东边的杈上部有断枝疤痕;北杈高3米处分生三杈,此杈最高;东杈高0.5米处分生二杈,下部杈断,上部杈向上又分出三杈,靠东边的杈上边之北杈北半面缺皮。此树之几个断杈都是因下大雪压断的。树皮厚,条状,沟深。树高15米,冠幅20米。

树主人张小光说:“树龄240多年了。”实际估测树龄应再多百年,应350年左右。古树等级应为二级。

树之四周矮墙垛围之。

据张志明老人(70岁)说,是张家人从祖辈一辈一辈传下来的,一直保护至今,树下曾有祖坟。

诗赞：

树生巴里营子村，人闲树下聚成群。
农民依旧话桑麻，树冠照常为遮阴。
树粗四米世少见，三干九杈分布匀。
护树全是张家人，因曾树下有祖坟。

2022.8.1

86. 一肯中乡茂福沟村杨家湾杨子文家院旁旱柳

此柳树生长于一肯中乡茂福沟村杨家湾杨子文家院旁。古树编号：15042900089。纬度（WGS84）41.575248，经度（WGS84）118.9458693。中文名：旱柳，拉丁名：*Salix matsudana* Koidz。杨柳科，柳属。古树等级二级。估测树龄 370 年。

2021 年，因树干已裂一寸来宽缝，一刮风树都有格外动静了，就要劈断。每天大人孩子都在大树下坐着和玩耍，怕出危险砸坏人，端午节前雇人把上边大干截掉了，所以，现在仅剩下 2 米多高的下半截和向南、向西的两个较细的很长的大杈子了。此柳树本来是两棵在一起长，南边这棵粗，地围有 4 米，北边那棵因从根部就已成残破腐朽的半拉状，估测地围也就 3 米。两棵树的树心都已烂空了，但还长着茂盛的树毛子。

杨子文说，自他们老祖宗从山东过来在这里落脚就栽上这棵树了，十多辈子了，树有 370 多年了。这村都姓杨，都是本家，所以叫杨家湾。他们这辈哥仨，他排行老二。

诗赞：

老柳已成半截桩，细问其中有名堂。
保护抑或为破坏？未经报批自主张。

2021.6.23

87. 一肯中乡茂福沟村杨家湾杨凤学家院里枣树

此株大枣树生长于一肯中乡茂福沟村杨家湾杨凤学家院内。古树编号：15042900090。纬度（WGS84）41.575516，经度（WGS84）118.9454578。中文名：枣，拉丁名：*Ziziphus jujuba* Mill。鼠李科，枣属。古树等级三级。估测树龄 260 年。

主干高有 2.5 米，上分 2 干，东干短，西干高约 2 米处又分多枝，树高约 10 米，梢部已干枯。胸围 93 厘米，根部地围 120 厘米，估测树龄也有 260 年了，枣树长得慢。

杨子文说："结的枣个大又甜，好吃。上集去卖，别人的枣不好卖，这棵树的枣很快就卖净。这棵枣树是当年从山东带过来的。"

诗赞：

山东迁民带来苗，寄托乡愁盼长高。
即如人老霜染鬓，三百年过也焦梢。

2021.6.23

88. 一肯中乡毛家窝铺村三组刘景武家两株旱柳

此两株旱柳生长在一肯中乡毛家窝铺村三组乡间公路道边、丁字路东西向转为南北向之北角。两株柳树就如孪生兄弟一样东西并排立在路边拐角处。古树编号分别为：15042900086、15042900087。纬度（WGS84）分别为 41.680535、41.680547，经度（WGS84）分别为 119.0420465、119.0421012。中文名：旱柳，拉丁名：*Salix matsudana* Koidz。杨柳科、柳属。

东边这株胸围 295 厘米，主干高 2.5 米；西边这株胸围 290 厘米，主干高 2.4 米。两株树高均 8 米。两树顶部因有电线东西向穿过，所以两树的北侧树头都已被锯掉，现仅剩南向树头。东边树干东侧下部有两个较大瘿瘤，西边树干东侧树皮残缺树干有伤痕。两树相距 3 米。

估测树龄皆近 200 年。古树等级三级。

刘景武说："这两棵树现在归我所有，很早以前这儿是我三爷爷的地方，现在成了道边，原来这树东北边有房子。"

诗赞：

一对孪生柳，双双站路旁。
北杈因电去，南杈一面张。
瘤生因岁久，皮破显沧桑。
围栏加保护，免得再受伤。

2023.8.27

89. 一肯中乡毛家窝铺村二组毛、李两家祖坟地两株榆树

毛家祖坟地榆树：此榆树生长在一肯中乡毛家窝铺村二组村南毛家祖坟地。北纬 41°40'，东经 119°03'。中文名：榆树，拉丁名：*Ulmus pumila* L.。榆科，榆属。

此株榆树生长在坟地中央，胸围 320 厘米，主干高 2 米，以上分 3 大杈，南大杈向南歪弯，杈短，已断头；中大杈又分 3 杈，东向杈约 3 米处已断头，南向杈起高，中间杈长得最高。其北大杈起高 2 米后又分生 3 杈。树高 12 米。根部外露根少，丛生许多小枝条。整株树枝杈茂盛，长势很旺。

估测树龄 300 年。古树等级二级。

今此地毛家家族人口少，多数已去黑龙江。

诗赞：

绿草萋萋祖坟地，
荣荣茂茂老巨榆。
毛氏家人好管护，
树茂丁旺风水局。

李家祖坟地榆树：此榆树也生长在一肯中乡毛家窝铺村二组村南，在毛家祖坟地北，相距约 100 米，中间隔条乡间小道。

李家家族大，坟地坟多，坟地面积也大，周围还有多株榆树，坟地中埋至最前的坟已是李氏家族第八代。

此株古榆也长在坟地中央，胸围 330 厘米，主干高 3 米，上分 4 大杈。东杈较细且已干枯，下部分生出 3 个细枝；北杈最粗，向北伸，已干枯，顶部枯干伸得较高因而明显，此杈中间还有一杈断痕；西杈高处已干枯，枯枝向高伸展，最高；南杈最奇，伸高 4 米后分生一个向东杈，而主杈一直向南弯伸，弯伸最长，足有 10 米，给人以有点大头沉的感觉，唯此杈枝叶繁茂。根部东侧有一斜生侧枝已很粗，但已被截去。根部四周枝杈繁多且丛密茂盛，因此很难拍照出此榆之主干形貌。但树之上部树形却特殊，唯南杈最高却南伸最长，因此冠形向一面偏。

估测树龄 350 年。古树等级二级。

诗赞：

李家坟地绿草茵，
此榆更显古董身。
一杈南弯拔偏树，
多枝干枯茂丛根。
干上瘿瘤似人眼，
皮层厚条裂纹深。
榆下经年黄换绿，
坟前今人吊古人。

2023.8.27

90. 汐子镇二八台沟村三组公路南边榆树

此榆树生长在汐子镇二八台沟村三组公路边。古树编号:15042900005。纬度(WGS84)41.770337,经度(WGS84)119.1034058。中文名:榆树,拉丁名:*Ulmus pumila* L.。榆科,榆属。古树等级二级。估测树龄420年。

由于榆树生于路边空旷地,自远处即可见,且树上拴有红布条,所以打远。树周被六角形矮墙台级式围着。矮墙外东侧立有石碑,碑上刻有“唐榆”二字,背面刻记“距今已有四百余年树龄”,2020年9月8日立的石碑。南侧矮墙外设有石雕供桌和香炉。

此榆树胸围320厘米,主干4.5米处分为两杈,向北者高1米处又分两杈,南边杈在高1米处断掉;北边杈如游龙样向北弯长约10米,树头大。向南者伸高约1米处有一向西的断杈,伸高3米处又分为两杈,但头皆断;向东歪的一枝已干枯。树主干南侧生上下两层数根侧枝,下层的垂下已挨地。此榆枝干茂盛,

唐榆

树冠南北向长。树高约 9 米。树皮长条状，很厚。

据村中老人说，榆树这儿原有座唐神庙来，解放后拆的。“唐榆”之名是由庙名起的。

诗赞：

古榆生路旁，　树头南北张。
北枝似游龙，　东杈枯枝长。
说已四百年，　榆名却姓“唐”。
何如称“明榆”，树龄正相当。

2021.8.26

91. 汐子镇二八台沟村三组公路南另一株榆树

此株榆树也生长在汐子镇二八台沟村三组村东、公路南边，就距那株唐榆西约500米处。古树编号：15042900006。纬度（WGS84）41.770027，经度（WGS84）119.099256。中文名：榆树，拉丁名：*Ulmus pumila* L.。榆科，榆属。

估测树龄210年。古树等级三级。

此榆胸围280厘米，树高11米。此榆生长的树形与那株唐榆有些相反：唐榆的北边大杈宛如游龙样向北弯，长约10米，其他杈短。而此株榆树主干高约3米后分生两杈，向上高长一杈，向南弯长一杈，向南弯之杈略细却长，它没有向上高长那一杈头大。树形不算美，但树干上瘿瘤较多且奇形怪状。树皮条状，条长裂深。树干中部与下部新生枝条很多。树根南侧有一块大石。

诗赞：

此榆生在唐榆旁，
却无唐榆享辉煌。
跟前既无一座庙，
又无传说啥名堂。

2023.8.27

92. 汐子镇二八台沟村三组周殿生家门前旱柳

此柳树生长在汐子镇二八台沟村三组周殿生家门前道南，树之主人为后院刘得林。古树编号：15042900007。纬度（WGS84）41.769369，经度（WGS84）119.0964432。中文名：旱柳，拉丁名：*Salix matsudana* Koidz。杨柳科，柳属。

估测树龄200年。古树等级三级。

此柳胸围373厘米，树桩高3米，上边生长多条细枝杈，树高约7米。此柳是一株已截去树头的截桩老树，树干很粗却是拧着劲儿长的，树干北侧有劈裂，树心已空，村人试着用水泥封堵，看来没起作用，现已用铁丝捆绑之。树周已砌八角水泥台围护。

虽然上部枝杈茂盛长势挺壮，但树桩已枯朽劈裂，生长态势一般。

诗赞：

二八台沟村组三，
桩柳临路保护严。
八角围墙红砖砌，
水泥封堵铁丝拴。
树干拧劲有劈裂，
树心已空再生难。
老柳须得细管护，
新枝茁壮好延年。

2023.8.27

93. 忙农镇小榆树林子村窑沟北山榆树

此株榆树生长在忙农镇小榆树林子村窑沟北山。古树编号：15042900078。纬度（WGS84）41.529824，经度（WGS84）119.1653802。中文名：榆树，拉丁名：*Ulmus pumila* L.。榆科，榆属。估测树龄210年。古树等级三级。

此榆树生长在康家坟地中，其北约50米就是小北山曾经经过人工修饰的圆圆的山顶。榆树胸围310厘米，主干高3米，上分3大杈。西大杈较细，直径约30厘米，基本平伸，生出的南向细杈已是枯杈。北大杈直径约60厘米，初分三杈，起高1.5米后又分别生向西、向上、向东三杈。东大杈最粗，直径约70厘米，初分出南、东两粗杈，继而三粗杈又各生多杈。树顶有两个老鸹窝。本树的特点：树干粗直，分杈多，枝杈均匀地向四方张开，枝下垂，细枝基本坠地，南侧枝下垂大。树冠特别大而圆，冠幅20米。树荫完全罩住坟地。树高10米左右。树形威武好看，树势生长茂盛。山顶独一棵，神气又打远。

在山上采访刘鹏飞（69岁）、刘明（61岁）、康秀云等村人，他们说，本村窑沟之名，是千年前修建辽中京时，砖瓦都是在这儿烧的。说有72孔窑。从地下挖出的或从窑中发现的大砖有50厘米见方的，有40厘米长方的，都是大砖。有的砖上都有字，刻着人名呢。南山有铁架子的及东边的那俩山头叫东台、西台，古代的点将台，那里古墓最多，尤其西台。过去盗墓人挖出的文物多了，战刀、宝剑、16斤沉的大戟、头盔、甲叶子、箭镞，多是铜的，两千多年前的，也有铁盔、玉枕……古墓没有砖，都是石头垒、石板砌的。挖出的项链都不跟现在的一节一节的，就是一根金条子弯成的……

至其家采访康富金（87岁）、李淑琴（82岁）老两口，他们说："那棵榆树不是栽的，是地里自生的小榆树，老太爷时保护起来的。康家祖辈山东，过来最初先到辽宁的公营子，后又搬迁到这里的。"

康富金老人还说："有大铁架子的山叫大黑山。我们这里叫窑沟，是因为修建辽中京时这儿是烧砖瓦窑的地方，一千多年前，当时没交通，烧出的砖都是人挨人站着人工传递过去的。"

诗赞：

两千年前古战场，一千年前烧砖窑。
二百年前老榆树，坟地北靠小山包。
出土文物记历史，墓地古榆忠孝昭。
沟底人家山坡地，证明自古人勤劳。

2023.9.2

94. 忙农镇东扎兰营子村大阳坡旱柳

此株柳树生长在忙农镇东扎兰营子村大阳坡双峰山旅游景点内。北纬 41°26′，东经 119°15′。中文名：旱柳，拉丁名：*Salix matsudana* Koidz。杨柳科，柳属。

此柳胸围 450 厘米，主干高 3 米，上分两大干。东大干直长向上，3 米以上分成三杈。西大干 2 米以上有点向西歪，西大干基部南侧一杈，斜生弯而向上。两大干树围各粗 230 厘米左右。主干西侧 1.5 米以下生有巨瘤。树高 16 米。树形漂亮，冠幅铺展较大，生长旺盛。

估测树龄 200 年。古树等级三级。

此柳之南约 20 米还有一株柳树，胸围 300 厘米，略细。主干通顶，枝杈较多，树高 13 米。估测树龄也百年以上。在其东南约距 50 米还有一株半桩柳，歪身无头，树龄 50 年左右。

二百年老柳与南面的双峰山遥遥相对。

因在景点内，三株都做了围台保护。

民间传说：

此地虽然未经战火，但总是年景不好，百姓苦不堪言。突然有一年，小山村风调雨顺，田地丰收，谷物满仓，山间果子硕大……

一天的早晨，天边出现瑞彩祥光，就在村民还未劳作之时，来了一位慈祥的老者，仙风道骨，老者观察片刻，在此地栽下了一棵柳树。并预言：此树将接收天地灵气、日月精华，待百年之后小山村将是出高官、志士和能人的地方。老者言罢飘然而去……

诗赞：

忙农镇内东扎兰，
南边对着双峰山。
仙人栽下一株柳，
预言此地出高官。

2023.9.5

95. 忙农镇王官营子村七间房王国栋家房后榆树

此榆树生长在忙农镇王官营子村七间房道边，七间房与驿马吐接界的驿马吐界碑东边，王国栋家房后。古树编号：15042900075。纬度（WGS84）41.44074，经度（WGS84）119.3150055。中文名：榆树，拉丁名：*Ulmus pumila* L.。榆科，榆属。

此榆之树根除南面有土埋住，其余三面全部都裸露于外，呈气根状，离地高约 1.5 米，数其粗者 14 根，尤其向东扎的一根长约 5 米。根部东侧有直径达 50 厘米树瘿。树干胸围 550 厘米，树干高约 2.6 米处分成东南、西北两干。西北方向之干，上端北弯。东南方向之干，上端又分枝干，顶秃，有断痕。树高 15 米。虽然树干已空，但生长茂盛。向南一杈乃从根部生出，斜向南伸，树干古老，当地人说那乃

是树孩子，原有两棵来，已死一棵，仅剩此一棵。估测此榆树龄有600年。古树等级一级。

当地67岁的白云卿老人说："原来这儿有座关帝庙，三进院落，前殿前有平台，平台周边都是用石条砌的。中殿为关公殿，房木檩柁都是从三十家子运来的，那么粗的松木柁都是见方的，房子是三檩的，檩上加檩都三层。此榆树在庙前右侧。庙院内右侧有廊房，喇嘛住的。庙后北侧有一株油松，是建完庙后喇嘛栽的。庙的前殿和后殿拆得早，究竟啥时拆的我也不记得。中殿关公像是'土改'时砸的，拿到河套去砸的，把泥像砸毁后，泥像里的心是铜的。后来，因建学校缺木料，村支书让三个人去拆的庙房。"

白云卿说："这棵榆树原来还生着两棵树孩子来，死了一棵了，现在南边还有一棵小的。这树没人敢动，掉下个树杈来人们也是把它扒拉到一边谁也不捡。"这树根上、树干上裹着许多红布缠着许多红头绳。

还有村民说："榆树都已经空了。夏天经常从树上往下掉蛇。"

诗赞：

古榆生长在庙前，树龄更长于庙先。
实因有树才有庙，树在庙无也自然。

粗根条条起地上，形如游龙拱树桩。
树干高处分南北，茂枝低垂簇路旁。

母树南边生幼子，树根东侧长巨瘿。
难怪“干妈”当得稳，信众争献红头绳。

2021.7.24

96. 忙农镇王官营子村七间房道边油松

此油松生长于忙农镇王官营子村七间房道边王海军家房后。古树编号：15042900076。纬度(WGS84)41.441219，经度(WGS84)119.3149635。中文名：油松，拉丁名：*Pinus tabuliformis* Carrière。松科，松属。古树等级三级。估测树龄240年。

此油松在那棵古榆北约30米，树高7米，胸围120厘米。主干高约2.5米，上分支干较多，有四五个皆斜伸后弯而向上。树头较大，呈圆形树冠。

当地67岁的老人白云卿说："这本来是棵关帝庙上的树，修上关帝庙后喇嘛栽于庙后的，约清乾隆年间。至今已240多年了。"

诗赞：

驿马吐村蒙名来，当年建庙后人拆。
乾隆年间有此树，关帝庙成喇嘛栽。

2021.7.24

97. 忙农镇大二十家子村十家村东头榆树

此株榆树生长在忙农镇大二十家子村十家村东头。古树编号：15042900077。纬度(WGS84)41.463237,经度(WGS84)119.1862438。中文名：榆树，拉丁名：*Ulmus pumila* L.。榆科，榆属。

胸围450厘米，树高10米。此榆树是中间一主干，南侧和北侧从根部就各生一侧干，南侧干从根部早已断掉，根生树洞，树洞旁新生两小树，这两小树是它的孩子。北侧干斜伸后向上弯曲，北侧干比主干细得多。主干于高4米处分成两个大杈，西大杈高起1米后又分三杈，西向有断枝。东大杈东向伸。树形南北向长，树冠平均冠幅15米。东北侧树根露伸长约1米。估测树龄270年。古树

等级三级。

在树前采访了两位老太太，了解了一些关于此榆的故事。

李淑芝，61岁，她说："这棵树叫唐神树，原来树旁有小唐神庙来。"

李淑珍，80岁，南台子娘家。她说："现在掉个树杈也没人动，(她指着道边地里的一段榆木)那不，那个就是从树上断下来的，谁也不动。有一年从树上掉下胶黏的黏蛋蛋，人们都捡着吃。有一年，掉下来的树杈子有人拿回去烧火，树杈子上净长虫(蛇)，吓得赶紧又拿出来，从此谁也不敢动。"

如此说来，这株老榆树还真有灵验，但愿人们都信，好下意识地保护这株古榆不遭破坏。

诗赞：

树洞藏仙凭谁说？榆老当春钱最多。
遥望山坡开犁者，愿保村民好生活。

2022. 4.24

98. 五化镇马营子民宿村东山顶元宝枫

五化镇马营子民宿村东山顶枫树为元宝枫，落叶乔木，单叶对生，掌状5裂。俗名色（shǎi）树。常被当地人称五角枫。古树编号:15042900156。纬度(WGS84)41.30867,经度(WGS84)119.0245917。中文名:元宝枫,拉丁名:*Acer truncatum* Bunge。槭树科,槭树属。古树等级三级。估测树龄230年。

树高7米,胸围200厘米,平均冠幅9.5米,主干1.5米处分成两个分枝,约0.5米后每个分枝又分两杈,树冠基本成圆形,东向枝稍伸得远些。此枝分杈处粗枝上有一大洞一小洞,另一枝干上也有三洞,皆鸟啄窝。整棵树枝杈旺盛,树皮裂纹齐整。因其在山顶石崖上,远处即可见。现已周围砌筑水泥城垛保护。

民间传说:

传说19世纪三四十年代,此地住一财主,每当早晨太阳从东方升起时,此树树影便映入他家的水缸,呈五彩色。财主家因此人丁兴旺,财产丰厚,于是认为此树有灵气，是棵“财神树”,专门派人看管。此树因此远近闻名。地名“色树梁”也是由此树得来。

1944年3月11日,三区队二连二排八班班长董国政就曾在此树下站岗放哨,因此此树又被称作“消息树”。多年后,董国政回来就因为找到了这棵树,才找到了当年他们曾战斗和跳崖的地方。

诗赞：

春发碎芽绽黄绿，
夏融翠郁难认知；
待到秋深经霜后，
满树红叶艳如诗。

元宝红枫立山梁，
树龄不大史荣光。
今被人称“消息树”，
亲见烈士美名扬。

2021.5.21

99. 五化镇马营子村南梁(老爷岭)老爷庙院内油松

五化镇马营子南梁（老爷岭）老爷庙院内有一油松。古树编号：15042900158。纬度(WGS84)41.300219,经度(WGS84)119.022302。中文名:油松,拉丁名:*Pinus tabuliformis* Carrière。松科,松属。油松真实树龄280多年。古树等级三级。

树高8米,胸围190厘米。树冠分两层,上层冠幅约5米;下层冠幅约10米,且在树高之一半以下,南面之枝已耷拉下来垂至石阶下。

树干高2米之上便分枝干多个,枝多向南斜。其中一枝上挂着钟,入庙者可敲。

此油松生长于五化镇马营子南梁(老爷岭)老爷庙院内,庙前东侧。此庙址位于老爷岭之垭口处。老爷岭山高坡陡,乃内蒙古自治区宁城县与河北省平泉市界岭,岭东为宁城县五化镇马营子村,岭西为平泉市宋营子村大营子。老爷庙庙址处属宁城县辖境内。

此老爷庙建庙已280多年,有碑文和古松作证。1966年时被毁,后来在原址重建。

诗赞:

省际边界老爷岭，东为马营西大营；
岭高也有垭口处，关帝神庙建在峰。
古庙遭毁今重建，庙会香火更旺盛。
庙龄已近三百载，碑文古松作见证。

2021.5.21

100. 五化镇乌石台沟村单营子单广信家门前文冠果

此株文冠果树生长在五化镇乌石台沟村单营子单广信家门前。古树编号：15042900166。纬度(WGS84)41.366492，经度(WGS84)119.3088242。中文名：文冠果，拉丁名：*Xanthoceras sorbifolium* Bunge。无患子科，文冠果属。

胸围 220 厘米，树高 8 米。估测树龄已有 350 年。古树等级二级。与小城子镇柳树营子村石砬子庙(普祥寺)门前最粗的文冠果树参照比对，其树形、主干粗度及古老程度都不相上下，所以其树龄应该也有 350 年以上。此树树形古朴漂亮，枝杈细碎密集，主干稍向北倾，约 3 米高处有一分枝，较短，上边生出一杈弯曲向西。从有分枝处始主干向南斜长，约 1 米余又分生一向南横枝，主干更细而向上伸去。树皮条状，皮厚沟深。主干已有空心，极显苍老，但很像人之瘦骨嶙峋细高个，却精神矍铄。树上虽有死枝，但此时活枝皆已长芽。

只是此树生在高处，其周围都已铺上地砖，雨水不渗而流走，树根部留地面积太小，累人浇水。

此古文冠果西距不远有一株大杜梨树，花开满树正旺，洁白如雪，作为陪衬，增色不少。

诗赞：

一株百年文冠果，
长于县南最山窝。
傲骨挺立显古朴，
不妖娆也不婀娜。
老干新枝迎门立，
旁边陪伴梨一棵。
问翁树龄摇头对，
只知土名“王干戈”。

2022. 4. 24

101. 五化镇乌石台沟村单营子单广文家门口杜梨

这株杜梨树生长在五化镇乌石台沟村单营子单广文家门口。古树编号：15042900174。纬度（WGS84）41.369662，经度（WGS84）119.3084035。中文名：杜梨，拉丁名：*Pyrus betulifolia* Bunge。蔷薇科，梨属。

树干胸围 150 厘米，树高 13 米。主干高约 3.5 米，上分三杈，基本都向北倾斜生长。此树枝展很高，树形无奇。当春正开满树梨花。估测树龄 160 余年。古树等级三级。

单广文家原为单广福家，后卖给了单广文。他们是堂叔伯弟兄。

单广文说："关于这棵杜梨没啥传说故事。我们这里东边有个吊王沟，吊王沟里有棵大柳树来，叫吊王柳。那可有个传说故事。"

吊王沟里吊王柳

宁城县最南部的五化镇的乌石台沟村紧临镇政府，也近临 306 国道。但乌石台沟村单营子却在十分闭塞的四面环山的小山沟里。营子西北最高的山叫马王山，马王山前面的山叫骆驼山，马王山东边有个吊王沟。这里流传着一个古老的传说。

800 多年前，马王山住着一个叫马强的山大王，是蒙古大军攻打金北京（今宁城县大明城）之前逃出来的金国将领，躲在此山占山为王。他手下有一伙兵丁，所以人称此山"马王山"。骆驼山前怀有口井，提取井水就像现代的水车似地用铁链子往上捯。

南边，王家营子西边有个元代蒙古朝廷驻军之处叫南大营。南大营的官军数次来围剿山大王马强，都未能取胜。为此，领兵的将军遭到朝廷罢免。又派来一名将军，这次率领更多人马来围困山寨，剿杀山寇。经过激烈战斗，马强吃了败仗。他率领小部分兵丁逃下山来，后边大批官军随后追来，情况危急之下，马强来到骆驼山前井边，把他的银盔银甲脱下来就扔井里去了，而后搁一块大青石（有半间房子那么大）就把井盖上了。马强一看，追兵赶来，大势已去，于是逃往马王山东边一个山沟里，在一棵大柳树上吊死了。

后人于是便把此沟叫“吊王沟”，把那棵柳树叫“吊王柳”。柳树现在没了。那井上盖的大石头，谁也搬不动也搁不动，一直盖着呢。

诗赞：

有树人家本姓单，杜梨也活二百年。
花开如雪应春景，秋果满枝酸解馋。

2022 . 4 .24

102. 五化镇乌石台沟村单营子单家坟茔地榆树

五化镇乌石台沟村单营子单家坟茔地有两株榆树。大榆树古树编号：15042900173。纬度（WGS84）41.369017，经度（WGS84）119.3063397。中文名：榆树，拉丁名：*Ulmus pumila* L.。榆科，榆属。

小树在西边，树形好看，枝杈虬曲，树干不粗。大树在东边，树高 14 米，主干较高且直，高约 6 米处才生分枝，分枝不粗，顶部枝也不粗，树顶有一喜鹊窝。树皮条状，东侧有缺皮现象，树顶部之枝干已干枯许多，生长状况一般。胸围 200 厘米，估测树龄 240 年。古树等级三级。

诗赞：

古榆生旷野，四围全是山。
多坟似有伴，缺水生长难。
幸有矮树护，相陪如丫环。
单家家族大，保护有余年。

2022.4.24

103. 五化镇南三十家子村村委会门前两株油松

五化镇南三十家子村村委会门前东西两侧油松两株。古树编号：15042900171–15042900172。纬度（WGS84）（仅以第一棵代表）41.331806，经度（WGS84）（仅以第一棵代表）119.2978708。中文名：油松，拉丁名：*Pinus tabuliformis* Carrière。松科，松属。古树等级一级。估测树龄520年。

东侧树高9.5米，胸围166厘米，平均冠幅11米；西侧树高11米，胸围154厘米，平均冠幅9米。

西侧松树之主干直而高，至顶部弯成断枝形成树冠。东侧松树之主干东斜，于2.5米处分4枝，枝向东斜或南、北向斜，有一枝三道弯，而最粗一枝直竖而起成扇形。为防其断，于主干分枝处以巨石支撑。因两棵树树形不一，似一龙一凤，故称“龙凤树”。

村委会所在地原为“福开寺”大庙旧址。“福开寺”何时建，具体时间不得而知。但一般情况下，建庙的同时庙院植树是共同规律。那么，“福开寺”建寺距今应当520多年了。当时，“福开寺”前栽植4株树，1株柏树，3株松树。

“福开寺”是20世纪60年代“四清”时拆除的。后来盖村委会时因为碍事放了1株松树、1株柏

树。现在只剩下门前这两株松树了。

诗赞：

福开寺前栽青松，左为凤来右为龙。
龙腾半空头向上，凤舞天际尾朝东。
东接邻省凌源市，南界紧挨是辽宁。
自古发祥福开地，龙凤双树在宁城。

2021.5.21

104. 汐子镇丛家窝铺村梅林窝铺油松

此株油松长在汐子镇丛家窝铺村一组梅林窝铺，村道北侧，“梅林窝铺”路牌跟前。北纬 41°37′，东经 119°16′。中文名：油松，拉丁名：*Pinus tabuliformis* Carrière。松科，松属。古树等级二级。估测树龄 400 年。

胸围 265 厘米，树高 14 米，主干通顶，于主干高 8 米处往上始有枝杈。树干高直且光滑，8 米以下基本同粗。树头南侧枝多且伸展较远，向下斜伸约 4~5 米的长枝有六七个；北侧枝短。

此树已是枯松一棵，松枝无叶，全树已基本无皮，仅树根部有点零星残皮，除树下部高 1.5 米处至根部稍有原生损伤外，全树完整，无人为毁损痕迹。

梅林窝铺一组人家多数姓赵，赵氏家族是个蒙古族大家族，此松树不属于谁家，而属赵氏整个家族共有。因为共有，没有主管主责之人专门养护，也就谁也不管，年长日久，松树属自然死亡。

据赵品军说，树死了有五六年了。他说：“我们赵

此松枯死前所拍　梁志刚 摄

氏家族，是成吉思汗的后代，跟着成吉思汗过来的。我们有族谱，蒙古文的。梅林窝铺基本都是姓赵的，赵氏家族当年是个大家族。有几户姓吴的，那都是早先给赵家当下人的后代。”赵品军的母亲朱秀兰，83 岁了，耳不聋眼不花，记忆力也好，她说：“后边那是赵家坟茔地来，四个角一个角上一棵，四个角四棵松树。坟迁走了，树都放了，剩下的这棵是原东南角的那棵。”她这一说就符合史实了，因为按习俗百姓个人家院内院外是不栽松树的。

诗赞：

梅林窝铺一枯松，笔直挺拔立村东。
家族之中缺管护，才致渴水又着虫。
枝干皮光自然死，七八年前叶还青。
古松为何生此地？原是赵家祖坟茔。

2023.2.5

105. 八里罕镇平房村四组南山梁顶油松

此油松长在八里罕镇平房村四组南山梁顶。古树编号:15042900062。纬度(WGS84)41.51441,经度(WGS84)118.7059072。中文名:油松,拉丁名:*Pinus tabuliformis* Carrière。松科,松属。古树等级一级。估测树龄550年。

此松胸围240厘米,树高11米。根因生于山顶瘠壤山石中,多条粗根裸露于地表且长长地伸出很远。主干高有4.5米,树心已空,再上有两根粗枝和多根细长的分枝,树形伸展,总体好看,尤其生于高处,很有气势。出奇的是在主干高约3米处长有大瘿瘤,像女人的乳房,所以被称"大奶奶树"。树干上有多个鸟啄圆洞,有一枝干已断。此松已是枯树一棵,树已无叶。

据说有一酒厂老板为求神树保佑,出巨资在树的周围用红砖、水泥筑起围台,围台上用钢管建围栏,南面留门,放置大理石雕凿的香炉,树根下也放着小香炉。见香炉上有字:"二〇一八年五月初八日坐落"。说明2018年修筑完的围台围栏。

采访山下收拾庄稼的老两口中的女的,她说:"树是去年(2020年)死的。"看来,这棵松树实在是因过度"保护"而死。

女的说:"那年打雷劈下一个树杈子来,谁也不敢动。那树上不是长着大妈妈(乳房)嘛,所以人们都称它'大奶奶树',它是母树。"男的补充说:"它南边山顶原来

也有一棵，是公的。听我爷爷说，早年被人放了。”

可惜，这棵足有五六百年树龄的老油松也寿终了。

诗赞：

枯松显眼站前山，
叶净枝干干(gàn)也干。
皆因保护太过度，
可惜修炼五百年。

2021.6.23

106. 右北平镇头道营子村河南西山山顶油松

此油松长于右北平镇头道营子村河南西山山顶。古树编号:15042900105。纬度(WGS84)41.370191,经度(WGS84)118.7166653。中文名:油松,拉丁名:*Pinus tabuliformis* Carrière。松科,松属。古树等级一级。

此树已死多年,全树已无表皮。胸围350厘米,树高12米,主干自根部至高2米处火烧痕严重,且主干自上至下有一长串炭状雷击痕。

此油松长得很出奇,主干约高3米处向北生出一枝干,斜伸长度足有12米,枝干上见连连有多处鸟啄之洞。继而从主干上向西生出一枝干,较细也短。主干再向上约2米分成向东、向南两干,两干各又多生枝杈,枝杈扭曲之状神奇怪异。总观此松之形苍老无比,估测树龄足有七八百年,可惜只剩下枯干秃枝。

此树之死因,一是见其主干东北侧从顶向下稍弯曲而下有一条明显的很宽的烧焦带痕,当为雷击所致;二是人们前来燃香烧纸失火将树干烧死,且烧蚀厉害,像是经历一场大火灾,烧剩的根部已没有上部粗。而北向大枝干上布满鸟啄之洞那仅是一枝干,不算树死主因。此树之死实在可惜,这是古树死因之又一例证。

此次来调查,来得巧,今天来时上午近10点钟,树下正好有几个大人领着孩子也来看这棵古树,不知是哪里人,但属同路人,同一天同时间来看同一棵树,挺好玩的。抓拍了几张珍贵照片。

此树未死前的样子

我徘徊于枯死的古松下，目睹着这烧蚀严重的下部树干暗自思量：人们的迷信，或说信仰，或许客观上无形之中对保护古树也起到了些积极作用，让人产生了敬畏之心，不敢故意破坏了，而是有意保护了。但，如果敬之不当，反而也会祸害加之，即如此松。

诗赞：

枯焦老松河南崮，
自古五行火克木。
根遭火患剩多半，
干心糊炭如黑柱。
北枝伸远频见洞，
全树无皮顶无物。
只为烧香保儿孙，
应该防火护古树。

2021.10.2

107. 右北平镇崔家窑村一组（后十家营子）老虎山上油松

此松长于右北平镇崔家窑村老虎山北坡，邻后十家营子。古树编号：15042900079。纬度（WGS84）41.476674，经度（WGS84）118.8017442。中文名：油松，拉丁名：*Pinus tabuliformis* Carrière。松科，松属。

这棵松树已死，干已无皮，根已被挖露出。此处古树原本两棵，两棵相距约20米，东边有一棵活的，一根生两株，也已被人锯掉树枝，根部被人三面锯过，没倒，又从其上斜着向下锯过，树形已不好看。

古树缺乏保护，曾被人偷伐未果。看这两树粗度、高度，估测树龄都不足200年，古树等级三级。死树比活树粗，树龄更长些，死树为有编号的。

村人告诉：长这两树处为虎头，这山就像一只卧着的老虎，东边是虎尾。

诗赞：

枯松见一棵，全裸藏山坡。
贼偷伐未果，二百岁白活。

2021.5.24

后　记

本著作三易其稿才得完成。

初稿较简，收录古树较少。二稿参考林业和草原局古树名木普查表增补了更多内容，写每棵树前的表格内容也弄得更加详细和完整。邀请几位林业方面专家给予审稿。与专家们研讨后，采纳了专家们意见，为纠表格与文字格格不入难以融为一体之瑕疵，也为了不把内容搞得那么学术气、专业性和繁琐，撤掉了表格，改为一律文字叙述。反复增删，反复调整改动，删除冗赘与枯燥，增加故事与趣味性，更显结构贯通一致了。通过专家审稿把关，使这部书更有了它的权威性和可信度。

宁格，网络与新媒体专业，她参与了本书统筹策划与界面设计。书稿的后期修改与制作、润色加工，由宁格帮助完成。

挚友梁志刚在古体诗词与摄影方面都有很高造诣。其不辞辛苦，倾力相助，精心帮助审校了书稿。

黑里河国家级自然保护区管理处（黑里河林场）原副处长、副场长牛林龙是多年从事宁城地区林业方面科学研究的权威专家，尤其一直负责黑里河国家级自然保护区的申报、管理、建设等项工作几十年，对黑里河自然保护区林木保护情况最熟悉。一些专业性、知识性的问题多次向牛场长请教，他均予细心准确解答。

凡名木古树带编号的，经纬度位置皆沿用古树名木普查表中的表述方式未变。“WGS84”是公里网络坐标。凡未带名木古树编号的名木古树，都是古树名木普查时尚未普查发现、普查表中未列入的，经纬度位置皆用普遍使用的“度、分”表述了，因此有所不一致，在此特作说明。

初心是想下点功夫编著出版一本图文并茂、可读性强、有收藏价值的描写记录宁城县植物界关于名木古树方面内容的精美的通俗读物，怎奈水平有限，眼高手低，无力逞能。书中肯定毛病很多，恳请读者谅解。

本书在有关专家及朋友的热心帮助下得以完成，在此一并表示衷心感谢！

李　文

2023 年 6 月 26 日